理工系学生のための

微分積分

［Webアシスト演習付］

桂 利行［編］ 岡崎悦明・岡山友昭・齋藤夏雄
佐藤好久・田上 真・廣門正行・廣瀬英雄［共著］

培風館

編者まえがき

微分積分と線形代数は，大学初年度の理工系の学生がマスターしなければならない数学の基礎として両輪をなしている．2013年に，日本学術会議は「数理科学」の参照基準を作成し，数理科学とはどのような分野であり，大学ではどのようなことが教えられるべきであるかという基準を明示した．その中で，微分積分の重要性に言及している．このように，微分積分が数理科学の基礎として重要な位置を占めるということは変わることがないが，IT等の進歩によりこの十数年で社会は大きく変化し，学生の気質も昔とは大きく変わってきた．数学の教材は，普遍的な内容を尊重しつつ，そのような変化に対応していかなければならない．本書は，現在の平均的な大学の理工系の学生が，無理なく微分積分学を学習できるよう配慮して執筆されている．つまり，数学の完成された理論をただ理路整然と解説するというのではなく，初心者が間違いやすい点については誤った使用例をあげるなどして注意を喚起し，本質的な理解をするための助けとなるような書き方がなされている．特に特徴があるのは演習問題による学習法である．本書の各節の最後に適切な演習問題を数多く配置しているだけではなく，IRTというWebを利用した方式が採用されており，出版社のWebに入れば，学習者の到達レベルに合わせた問題が提供され，それに従って問題を解いていくことにより自然に学力が向上する仕掛けになっている．ITの進歩に呼応し学習者の立場にたった方式であり，このIRTを「愛あるって」と読ませるにふさわしい学習法である．

数学は大学で講義を聴いただけで修得できる分野ではない．自ら考え，手を動かして計算してみなければ身につかない．本書を用いて主体的に学習を進めることにより，微分積分学の本質を体得し，自由自在に微分積分を操れるような力を培っていただきたいと願っている．

2016年9月

桂　利行

培風館のホームページ

http://www.baifukan.co.jp/shoseki/kanren.html

から，オンライン学習のサイト「愛あるって」に入ることができる．あわせて，演習問題の詳細な解答・解説，本文中で省略した内容の補足解説が与えられているので，参考にして有効に活用していただきたい．

目　　次

1
実数・数列・級数

1章では，解析学の基礎である極限の概念を明確に理解するのが目標である．解析学は実数の体系を基礎として展開される．我々はまず実数の体系において2つの公理に初めて出会う．「アルキメデスの公理」と「連続性の公理」である．これに引き続き極限の概念の導入からはじまる理論展開が続く．本章では特に収束・発散を見極める力を身につけてほしい．

1.1 実　　数

実数は数直線上の点として表される．すべての実数の集合を $\boldsymbol{R}$，すべての有理数の集合を $\boldsymbol{Q}$，すべての整数の集合を $\boldsymbol{Z}$，すべての自然数の集合を $\boldsymbol{N} = \{1, 2, 3, \ldots\}$ で表す．空集合は $\emptyset$ と表す．

数直線の開区間 (u, v)，閉区間 $[u, v]$，半開区間 $(u, v], [u, v)$ とは次で定義される $\boldsymbol{R}$ の部分集合である．

$(u, v) = \{x \in \boldsymbol{R} \mid u < x < v\}$，$u$ は実数または $-\infty$，v は実数または ∞．
$[u, v] = \{x \in \boldsymbol{R} \mid u \leqq x \leqq v\}$，$u, v$ は実数．
$(u, v] = \{x \in \boldsymbol{R} \mid u < x \leqq v\}$，$u$ は実数または $-\infty$，v は実数．
$[u, v) = \{x \in \boldsymbol{R} \mid u \leqq x < v\}$，$u$ は実数，v は実数または ∞．

$a \in \boldsymbol{R}$ に対して a を含む開区間 (u, v) を点 a の**近傍**という．特に開区間 $(a - \varepsilon, a + \varepsilon)$, $\varepsilon > 0$ を a の **ε-近傍**という．

実数の集合 $\boldsymbol{R}$ には四則演算 $\{+, -, \times, \div\}$，順序関係 $x \leqq y$ および距離 $|x - y|$ が定められ，次の有用な不等式が成立する．

三角不等式　$x, y \in \boldsymbol{R}$ に対して，

$$|x - y| \leqq |x| + |y|$$

が成り立つ．

また，高校で学習した 2 項定理は重要であるので，思い出しておこう．

2 項定理　n, k を $n \geqq k \geqq 0$ を満たす整数とする．**2 項係数**は

$$\binom{n}{k} = \frac{n!}{k!(n-k)!}$$

で定義される．ただし，$0! = 1$ と約束する．2 項係数は ${}_n\mathrm{C}_k$ とも表される．このとき

$$(a+b)^n = \sum_{k=0}^{n} \binom{n}{k} a^{n-k} b^k$$

が成り立つ．

1.2 数　列

自然数を添字とする実数の並び $\{a_n\}$ を**数列**という．数列 $\{a_n\}$ が**単調増加** (または**広義単調増加**) であるとは，すべての $n \in \boldsymbol{N}$ に対して

$$a_n < a_{n+1} \quad (a_n \leqq a_{n+1})$$

となることであり，**単調減少** (または**広義単調減少**) であるとは，すべての $n \in \boldsymbol{N}$ に対して

$$a_n > a_{n+1} \quad (a_n \geqq a_{n+1})$$

となることである．実数列 $\{a_n\}$ が**上に有界** (または**下に有界**) とは，ある定数 K (または L) が存在して，すべての $n \in \boldsymbol{N}$ に対して

$$a_n \leqq K \quad (a_n \geqq L)$$

となることである．

数列の収束　　実数列 $\{a_n\}$ が**収束する**とは，ある実数 a が存在して，n が限りなく大きくなるとき，a_n と a の距離 $|a_n - a|$ が限りなく 0 に近づくことである．このとき数列 $\{a_n\}$ は a に**収束する** (a は数列 $\{a_n\}$ の**極限値**である) といい，

$$a = \lim_{n \to \infty} a_n, \text{ または，} a_n \to a \ (n \to \infty)$$

と書く．収束の定義は，厳密にいえば

任意の正数 ε に対して，ある番号[1] N がとれて，

N より大きなすべての自然数 n に対して $|a_n - a| < \varepsilon$

が成り立つことである．すなわち，“限りなく 0 に近づく”ことの意味は，任意に (いくらでも小さく) 正の数 ε をとったとしても，ある番号 N がとれて，N より大きなすべての自然数 n に対して $|a_n - a|$ が ε より小さくなることである．数列 $\{a_n\}$ が収束しないとき，数列 $\{a_n\}$ は**発散する**という．

実数の性質として，次のアルキメデスの公理および，連続の公理を仮定する．

アルキメデスの公理　任意の正数 a, b に対して，ある自然数 N が存在して $N \cdot a > b$ を満たす．

連続の公理　(1)　実数列 $\{a_n\}$ が広義単調増加で上に有界ならば収束する．(2)　実数列 $\{a_n\}$ が広義単調減少で下に有界ならば収束する．

●注意　$\{a_n\}$ が広義単調増加で上に有界であれば，$\{-a_n\}$ は広義単調減少で下に有界であるから，連続の公理 (1) と (2) は同値である．

本書では，極限の概念は高校で学んだように直観的な理解で十分である．論理的な取り扱いに興味のある読者は Web 解説を参照されたい．

○例 1.2.1　数列 $\left\{\dfrac{1}{n}\right\}$ は連続の公理により収束し，$\displaystyle\lim_{n\to\infty}\frac{1}{n} = 0$ である．

[証明]　任意に正数 ε を固定する．アルキメデスの公理を $a = \varepsilon$, $b = 1$ に対して適用すれば，ある自然数 $N = N(\varepsilon)$ があって $N \cdot \varepsilon > 1$ となる．したがって，すべての $n \geqq N$ に対し $\left|\dfrac{1}{n} - 0\right| = \dfrac{1}{n} \leqq \dfrac{1}{N} < \varepsilon$ が成り立つ．すなわち，$\left|\dfrac{1}{n} - 0\right|$ は限りなく 0 に近づく．■

○例 1.2.2　$a_n = (-1)^n$ で定める数列 $\{a_n\}$ は発散する．

[証明]　実数 a は，$a \leqq 0$ であれば $|a_{2k} - a| = |1 - a| = 1 - a \geqq 1$ であり，$a \geqq 0$ であれば $|a_{2k+1} - a| = |-1 - a| = a + 1 \geqq 1$ である．したがって，どのような $a \in \boldsymbol{R}$ をとっても $|a_n - a|$ が 0 に収束することはない．■

---

1)　N は a と ε に依存して決まる自然数である．

○**例 1.2.3** r を実数とする．このとき次が成り立つ．

$$\lim_{n\to\infty} r^n = \begin{cases} \infty & (r > 1) \\ 1 & (r = 1) \\ 0 & (|r| < 1) \\ \text{発散 (振動)} & (r \leqq -1). \end{cases}$$

［証明］ (i) $r > 1$ の場合を示そう．$h = r - 1 > 0$ とする．このとき 2 項定理より，$r^n = (1+h)^n \geqq 1 + nh \to \infty\,(n \to \infty)$ が得られる (アルキメデスの公理).

(ii) $|r| < 1$ の場合は，$R = \dfrac{1}{|r|} > 1$，$k = R - 1 > 0$ とすれば，$|r|^n = \dfrac{1}{R^n} \leqq \dfrac{1}{1+nk} \leqq \dfrac{1}{nk} \to 0\ (n \to \infty)$.

(iii) $r < -1$ の場合は 例 1.2.2 と同様である． ■

定理 1.2.1 数列 $\{a_n\}, \{b_n\}$ が $\lim_{n\to\infty} a_n = a$，$\lim_{n\to\infty} b_n = b$ を満たすとき，次が成り立つ．

(1) $\lim_{n\to\infty} (a_n \pm b_n) = a \pm b$. (複号同順)

(2) $\lim_{n\to\infty} a_n b_n = ab$.

(3) $\lim_{n\to\infty} \dfrac{a_n}{b_n} = \dfrac{a}{b}$，ただし $b \neq 0$ とする．

［証明］ (1) $|(a_n \pm b_n) - (a \pm b)| \leqq |a_n - a| + |b_n - b| \to 0\ (n \to \infty)$.

(2) $|a_n b_n - ab| \leqq |(a_n - a)(b_n - b)| + |a(b_n - b)| + |b(a_n - a)| \to 0\ (n \to \infty)$.

(3) $\left|\dfrac{a_n}{b_n} - \dfrac{a}{b}\right| \leqq \dfrac{|b(a_n - a)| + |a(b_n - b)|}{|b_n b|}$. ここで $b_n \to b \neq 0$ より，ある自然数 N がとれて，すべての $n \geqq N$ に対して $|b_n - b| < \dfrac{|b|}{2}$ となる．すなわち，$|b_n| \geqq |b| - |b_n - b| > \dfrac{|b|}{2}$ となる．したがって，すべての $n \geqq N$ に対して $\left|\dfrac{a_n}{b_n} - \dfrac{a}{b}\right| \leqq \dfrac{|b(a_n - a)| + |a(b_n - b)|}{\frac{1}{2}|b|^2} \to 0\ (n \to \infty)$. ■

○**例 1.2.4** (1) $\displaystyle\lim_{n\to\infty} \frac{5n-1}{n} = \lim_{n\to\infty}\left(5 - \frac{1}{n}\right) = 5.$

(2) $\displaystyle\lim_{n\to\infty} \frac{3n^2 - 4n + 1}{n^2} = \lim_{n\to\infty}\left(3 - \frac{4}{n} + \frac{1}{n^2}\right) = 3.$

(3) $\lim_{n\to\infty}\left(1-\frac{1}{n}\right)\left(2+\frac{1}{n^2}\right)=\lim_{n\to\infty}\left(1-\frac{1}{n}\right)\cdot\lim_{n\to\infty}\left(2+\frac{1}{n^2}\right)=2.$

定理 1.2.2　数列 $\{a_n\}$, $\{b_n\}$, $\{c_n\}$ に対して,

(1) $\lim_{n\to\infty} a_n = a$, $\lim_{n\to\infty} b_n = b$, $a_n < b_n$ であれば $a \leqq b$ である.

(2) $\lim_{n\to\infty} a_n = a$, $\lim_{n\to\infty} |a_n - b_n| = 0$ ならば $\lim_{n\to\infty} b_n = a$ である.

(3) $a_n \leqq b_n \leqq c_n$, $\lim_{n\to\infty} a_n = \lim_{n\to\infty} c_n = \alpha$ ならば $\lim_{n\to\infty} b_n = \alpha$ である.
(はさみうちの原理)

［証明］ (1) $a > b$ として矛盾することを示す. 仮定より, ある自然数 N がとれて, すべての $n \geqq N$ に対して $|a_n - a| < \frac{a-b}{3}$, $|b_n - b| < \frac{a-b}{3}$ となる. このとき $a_n > a - \frac{a-b}{3} > b + \frac{a-b}{3} > b_n$, すなわち, $a_n > b_n$ となり矛盾.

(2) $|b_n - a| \leqq |b_n - a_n| + |a_n - a| \to 0\ (n \to \infty)$.

(3) $|b_n - \alpha| \leqq |c_n - b_n| + |c_n - \alpha| \leqq |c_n - a_n| + |c_n - \alpha|$
$\leqq 2|c_n - \alpha| + |a_n - \alpha| \to 0\ (n \to \infty)$. ■

例題 1.2.1　$a_1 = 1$, $a_n = \sqrt{2 + a_{n-1}}$ とする. $a_n < a_{n+1}$ かつ $a_n < 2$ を示し, $\lim_{n\to\infty} a_n$ を求めよ.

［解答］ まず, 単調増加数列であることを数学的帰納法で示そう. $a_1 = 1 < a_2 = \sqrt{3}$ である. いま, $a_1 < a_2 < \cdots < a_n$ と仮定する. このとき

$$a_{n+1} - a_n = \sqrt{2 + a_n} - \sqrt{2 + a_{n-1}} = \frac{a_n - a_{n-1}}{\sqrt{2 + a_n} + \sqrt{2 + a_{n-1}}} > 0$$

より $a_n < a_{n+1}$ がいえる.

次に, $a_n < 2$ を数学的帰納法により示そう. $n = 1$ の場合は, $a_1 = 1 < 2$ より成り立つ. いま $a_n < 2$ とすれば, $a_{n+1} = \sqrt{2 + a_n} < \sqrt{2 + 2} = 2$ より $n + 1$ でも成り立つ. したがって, すべての自然数 n について $a_n < 2$ である.

よって連続の公理から $\{a_n\}$ は収束する. その極限値を $\alpha \geqq 1$ とすると, $a_n^2 = 2 + a_{n-1}$ であるから, $n \to \infty$ として $\alpha^2 = 2 + \alpha$, すなわち, $(\alpha - 2)(\alpha + 1) = 0$. $\alpha \geqq 1$ より $\alpha = 2$. ■

命題 1.2.3 $a_n = \left(1+\frac{1}{n}\right)^n$ とするとき，数列 $\{a_n\}$ は収束する．

[証明] $\{a_n\}$ は単調増加で上に有界な数列であることを示す．2 項定理

$$(1+x)^n = \sum_{k=0}^{n} \frac{n!}{(n-k)!k!} x^k$$

によれば，a_n の展開式の第 k 項および a_{n+1} の展開式の第 k 項はそれぞれ

$$\begin{aligned}\frac{n!}{(n-k)!k!}\left(\frac{1}{n}\right)^k &= \frac{n(n-1)\cdots(n-k+1)}{k!}\left(\frac{1}{n}\right)^k \\ &= \frac{1}{k!}\left(1-\frac{1}{n}\right)\cdots\left(1-\frac{k-1}{n}\right),\end{aligned}$$

$$\begin{aligned}\frac{(n+1)!}{(n+1-k)!k!}\left(\frac{1}{n+1}\right)^k &= \frac{(n+1)n\cdots(n+1-k+1)}{k!}\left(\frac{1}{n+1}\right)^k \\ &= \frac{1}{k!}\left(1-\frac{1}{n+1}\right)\cdots\left(1-\frac{k-1}{n+1}\right)\end{aligned}$$

であり，a_{n+1} の第 k 項のほうが大きい．さらに a_{n+1} が 1 項多いので $a_n < a_{n+1}$，したがって，$\{a_n\}$ は単調増加である．また上の計算から

$$\begin{aligned}a_n = \left(1+\frac{1}{n}\right)^n &< 1 + \frac{1}{1!} + \frac{1}{2!} + \cdots + \frac{1}{n!} \\ &< 1 + \frac{1}{1} + \frac{1}{2} + \cdots + \frac{1}{2^{n-1}} = 3 - \frac{1}{2^{n-1}} < 3.\end{aligned}$$

したがって，数列 $\{a_n\}$ は収束する． ■

命題 1.2.3 の極限値を e で表す．すなわち，

$$e = \lim_{n\to\infty}\left(1+\frac{1}{n}\right)^n$$

である．e を**ネピアの定数**といい，その値は $e = 2.718281828459045\ldots$ である．

命題 1.2.4 $a > 0$ のとき，$\lim_{n\to\infty} \sqrt[n]{a} = 1$ である．

[証明] $a > 1$ のとき，任意の自然数 n に対して $\sqrt[n]{a} > 1$ であることに注意する．このとき，

$$\begin{aligned}0 &= (\sqrt[n]{a})^n - (\sqrt[n+1]{a})^{n+1} \\ &< (\sqrt[n]{a})^{n+1} - (\sqrt[n+1]{a})^{n+1} = (\sqrt[n]{a} - \sqrt[n+1]{a}) \sum_{k=0}^{n} (\sqrt[n]{a})^{n-k} (\sqrt[n+1]{a})^k\end{aligned}$$

であるので，$\sqrt[n]{a} - \sqrt[n+1]{a} > 0$ である．よって，数列 $\{ \sqrt[n]{a} \}$ は

$$\sqrt[n]{a} > \sqrt[n+1]{a} > 1$$

を満たし，単調減少で下に有界である．したがって，$\alpha = \lim_{n\to\infty} \sqrt[n]{a}$ が存在し，$\sqrt[n]{a} > \alpha \geqq 1$ である．もし $\alpha > 1$ ならば，$\alpha = 1 + h\ (h > 0)$ とすることができる．このとき $a > \alpha^n = (1+h)^n > 1 + nh \to \infty$ となり矛盾．したがって，$\alpha = 1$ である．

$a = 1$ のときは，極限値が 1 であるのは自明である．

$a < 1$ のとき，数列 $\left\{ \dfrac{1}{\sqrt[n]{a}} \right\} = \left\{ \sqrt[n]{\dfrac{1}{a}} \right\}$ は，$\dfrac{1}{a} > 1$ なので，極限値は 1 である．したがって，$\lim_{n\to\infty} \sqrt[n]{a} = 1$. ■

○例 **1.2.5**　$a, b > 0$ とする．このとき，

$$\lim_{n\to\infty} (a + b^n)^{\frac{1}{n}} = \begin{cases} 1 & (0 < b \leqq 1) \\ b & (b > 1). \end{cases}$$

［証明］　$0 < b \leqq 1$ とする．このとき $0 < b^n \leqq b$ より

$$a^{\frac{1}{n}} < (a + b^n)^{\frac{1}{n}} \leqq (a + b)^{\frac{1}{n}}$$

となる．命題 1.2.4 を利用し，はさみうちの原理から，$\lim_{n\to\infty} (a + b^n)^{\frac{1}{n}} = 1$ を得る．

次に $b > 1$ とする．$b^n < a + b^n < ab^n + b^n = (a+1)b^n$ より，n 乗根をとって，

$$b < (a + b^n)^{\frac{1}{n}} < (a+1)^{\frac{1}{n}} b$$

が成り立つ．$0 < b \leqq 1$ の場合と同様に，はさみうちの原理を用いて，$\lim_{n\to\infty} (a + b^n)^{\frac{1}{n}} = b$ を得る． ■

●注意　$0 < b \leqq 1$ である b について $\lim_{n\to\infty} b^n = 0$ であるから，$\lim_{n\to\infty} (a + b^n)^{\frac{1}{n}} = \lim_{n\to\infty} \left(a + (\lim_{n\to\infty} b^n) \right)^{\frac{1}{n}} = \lim_{n\to\infty} (a + 0)^{\frac{1}{n}} = \lim_{n\to\infty} a^{\frac{1}{n}} = 1$ であると考えることはできない．最初の等号が成立する根拠がないのである．もしこのような考え方が許されるのであれば，$\lim_{n\to\infty} \left(1 + \dfrac{1}{n} \right)^n = \lim_{n\to\infty} \left(1 + \left(\lim_{n\to\infty} \dfrac{1}{n} \right) \right)^n = \lim_{n\to\infty} (1 + 0)^n = 1$ となる．明らかに，これは間違いである．学生の極限計算の誤りのなかに，このような間違いがみられる．注意しよう．

演習問題

1.2.1 次の式で与えられる数列 $\{a_n\}$ の収束・発散を調べよ.

(1) $a_n = \dfrac{2n^2 - n + 1}{-5n^2 + 3n + 2}$ (2) $a_n = \dfrac{3^n - 2^n}{3^{n+1} + (-2)^n}$ (3) $a_n = \cos(n\pi)$

(4) $a_n = \sqrt{n^2 - n + 1} - \sqrt{n^2 - n - 1}$ (5) $a_n = \log(3n-1) - \log(n+1)$

(6) $a_n = \dfrac{\sin n\theta}{n}$ (θ は定数) (7) $a_n = (-1)^{n-1}n$

1.2.2 数列 $\{a_n\}$ を $a_1 = 1$, $a_{n+1} = \dfrac{5a_n + 4}{2a_n + 3}$ と定める. このとき $a_n < a_{n+1}$ かつ $a_n < 2$ を示し, $\lim_{n\to\infty} a_n$ を求めよ.

1.2.3 次の極限値を求めよ.

(1) $\lim_{n\to\infty} (2^n + 3^n)^{\frac{1}{n}}$ (2) $\lim_{n\to\infty} (1 + 2^n + 3^n)^{\frac{1}{n}}$

(3) $\lim_{n\to\infty} (1 + 2^n + 3^n + 4^n)^{\frac{1}{n}}$

1.2.4 次の等式を示せ.

(1) $\displaystyle\lim_{n\to-\infty} \left(1 + \frac{1}{n}\right)^n = e$ (2) $\displaystyle\lim_{n\to\infty} \left(1 - \frac{1}{n}\right)^n = e^{-1}$

(3) $\displaystyle\lim_{n\to\infty} \left(\frac{n}{n-1}\right)^n = e$ (4) $\displaystyle\lim_{n\to\infty} \left(1 + \frac{1}{2n}\right)^n = \sqrt{e}$

(5) $\displaystyle\lim_{n\to\infty} \left(\frac{n}{n+1}\right)^n = e^{-1}$ (6) $\displaystyle\lim_{n\to\infty} \left(\frac{n+3}{n}\right)^n = e^3$

(7) $\displaystyle\lim_{n\to\infty} \left(1 + \frac{1}{n^2}\right)^n = 1$ (8) $\displaystyle\lim_{n\to\infty} \left(1 + \frac{1}{n}\right)^{n^2} = \infty$

1.3 級　数

数列 $\{a_n\}$ の各項の和 $a_1 + a_2 + a_3 + \cdots$ を**級数**といい, $\sum_{n=1}^{\infty} a_n$ または, 簡単に $\sum a_n$ で表す. 第 n 項までの和

$$S_n = \sum_{k=1}^{n} a_k = a_1 + a_2 + \cdots + a_n$$

を ***n* 部分和**という. 部分和のなす数列 $\{S_n\}$ が収束 (発散) するとき, 級数 $\sum_{n=1}^{\infty} a_n$ は**収束 (発散)** するという. 極限値 $S = \lim_{n\to\infty} S_n$ を**級数** $\sum_{n=1}^{\infty} a_n$ **の和**といい, $S = \sum_{n=1}^{\infty} a_n$ と書く.

○例 **1.3.1** $a, r\,(a \neq 0, r \neq 1)$ を実数とする．級数 $\sum_{n=1}^{\infty} ar^{n-1}$ を初項 a, 公比 r の**等比級数**という．n 部分和は $S_n = \dfrac{a(1-r^n)}{1-r}$ である．したがって，等比級数が収束するための必要十分条件は極限値 $\lim_{n\to\infty} r^n$ が存在することであるが，これは $|r| < 1$ と同値である (例 1.2.3).

定理 1.3.1 級数 $\sum_{n=1}^{\infty} a_n$ が収束すれば $\lim_{n\to\infty} a_n = 0$ である．

[証明] 級数の和を S とすれば

$$|a_n| = |S_n - S_{n-1}| \leqq |S_n - S| + |S_{n-1} - S| \to 0 \quad (n \to \infty)$$

である． ■

すべての n に対し $a_n \geqq 0$ である級数 $\sum_{n=1}^{\infty} a_n$ を**正項級数**という．

定理 1.3.2 正項級数 $\sum_{n=1}^{\infty} a_n$ が収束するための必要十分条件は $\{S_n\}$ が有界数列であることである．

[証明] $\{S_n\}$ は広義単調増加数列なので，連続の公理より定理が成り立つ． ■

○例 **1.3.2** $\sum_{n=1}^{\infty} \dfrac{1}{n} = \infty$.

[証明] 任意の自然数 k に対して，$\sum_{n=k}^{k+k^2} \dfrac{1}{n} \geqq (k^2+1) \cdot \dfrac{1}{2k^2} > k^2 \cdot \dfrac{1}{2k^2} = \dfrac{1}{2}$. いま，$k_1 = 1 < k_2 < k_3 < \cdots$ を $\sum_{n=k_j}^{k_{j+1}-1} \dfrac{1}{n} \geqq \dfrac{1}{2}$ ととれば，$\sum_{n=1}^{\infty} \dfrac{1}{n} \geqq \dfrac{1}{2} + \dfrac{1}{2} + \cdots = \infty$. ■

●**注意** 例 1.3.2 から明らかなように，定理 1.3.1 の逆は成立しない．

○例 **1.3.3** 級数 $\sum_{n=1}^{\infty} (-1)^{n+1} \dfrac{1}{n}$ は収束する．

[証明] 部分和 $\sum_{k=1}^{n} (-1)^{k+1} \dfrac{1}{k}$ について，部分和 S_{2n} は

$$S_{2n} = \left(1 - \frac{1}{2}\right) + \left(\frac{1}{3} - \frac{1}{4}\right) + \cdots + \left(\frac{1}{2n-1} - \frac{1}{2n}\right)$$

であるので，S_{2n} は正項級数の部分和とみなすことができる．一方，

$$S_{2n} = 1 - \left(\frac{1}{2} - \frac{1}{3}\right) - \left(\frac{1}{4} - \frac{1}{5}\right) - \cdots - \left(\frac{1}{2n-2} - \frac{1}{2n-1}\right) - \frac{1}{2n} < 1$$

である．よって，定理 1.3.2 により，極限値 $S = \lim_{n\to\infty} S_{2n}$ が存在する．さらに，

$$S_{2n+1} = S_{2n} + \frac{1}{2n+1} \to S \quad (n \to \infty)$$

である．したがって，$\lim_{n\to\infty} S_n = S$ が成り立つ． ■

命題 1.3.3 (有理数の稠密性)　すべての実数 $x \in \boldsymbol{R}$ は (有限または無限) 小数で表される．すなわち，

$$x = k_0 + \sum_{n=1}^{\infty} \left(\frac{1}{10}\right)^n k_n \quad (\text{ただし，} k_0 \in \boldsymbol{Z},\ k_n \in \{0, 1, 2, \ldots, 9\})$$

と表される．

[証明]　x を越えない最大の整数を k_0 とする．$x - k_0 \in [0,1)$ であるから，$x \in [0,1)$ と仮定してよい．いま，区間 $[0,1)$ を 10 等分した長さ $\frac{1}{10}$ の各区間 $I(k)$ (ただし，$k = 0, 1, 2, \ldots, 9$) を $I(k) = \left[\frac{k}{10}, \frac{k+1}{10}\right)$ とする．x はこれらの区間のただ一つに含まれるので，$x \in I(k_1)$ となる $k_1 \in \{0, 1, 2, \ldots, 9\}$ がただ一つ存在する．このとき $\left(\frac{1}{10}\right)k_1 \leqq x < \left(\frac{1}{10}\right)(k_1+1)$ である．さらに，区間 $I(k_1)$ を 10 等分した長さ $\left(\frac{1}{10}\right)^2$ の各区間 $I(k_1, k)$ (ただし，$k = 0, 1, 2, \ldots, 9$) を $I(k_1, k) = \left[\left(\frac{1}{10}\right)k_1 + \left(\frac{1}{10}\right)^2 k,\ \left(\frac{1}{10}\right)k_1 + \left(\frac{1}{10}\right)^2 (k+1)\right)$ とする．すると x はこれらの区間のただ一つに含まれるので，$x \in I(k_1, k_2)$ となる $k_2 \in \{0, 1, 2, \ldots, 9\}$ がただ一つ存在し，$\left(\frac{1}{10}\right)k_1 + \left(\frac{1}{10}\right)^2 k_2 \leqq x < \left(\frac{1}{10}\right)k_1 + \left(\frac{1}{10}\right)^2 (k_2+1)$ となっている．以下同様に，x が属する小区間 $I(k_1, k_2, \ldots, k_{n-1})$ を 10 等分して x が属する長さ $\left(\frac{1}{10}\right)^n$ の区間

$I(k_1, k_2, \ldots, k_{n-1}, k_n)$ を選んでいく．このとき $\left(\frac{1}{10}\right)k_1 + \left(\frac{1}{10}\right)^2 k_2 + \cdots + \left(\frac{1}{10}\right)^n k_n \leqq x < \left(\frac{1}{10}\right)k_1 + \left(\frac{1}{10}\right)^2 k_2 + \cdots + \left(\frac{1}{10}\right)^n (k_n + 1)$ が満たされる．すなわち

$$\left| x - \left\{ \left(\frac{1}{10}\right)k_1 + \left(\frac{1}{10}\right)^2 k_2 + \cdots + \left(\frac{1}{10}\right)^n k_n \right\} \right| < \left(\frac{1}{10}\right)^n \to 0.$$

したがって，$x = \sum_{n=1}^{\infty} \left(\frac{1}{10}\right)^n k_n$ となる．

n 部分和 $\sum_{j=1}^{n} \frac{k_j}{10^j}$ は有理数であるから、すべての実数は有理数列の極限値になることがわかる．■

明らかに，次の定理が成立する．

定理 1.3.4 (正項級数の収束に関する比較判定法)　すべての n に対し $a_n, b_n, c_n \geqq 0$ とし，$\sum_{n=1}^{\infty} b_n < \infty$ (収束)，$\sum_{n=1}^{\infty} c_n = \infty$ (発散) とする．このとき次が成立する．

(1) すべての n に対して $a_n \leqq b_n$ ならば $\sum_{n=1}^{\infty} a_n$ は収束する．

(2) すべての n に対して $a_n \geqq c_n$ ならば $\sum_{n=1}^{\infty} a_n$ は発散する．

次の定理 1.3.5 および定理 1.3.6 は，正項級数の収束・発散の判定のために使用されることが多い．

定理 1.3.5 (コーシーの判定法)　正項級数 $\sum a_n$ について，

(1) $\lim_{n\to\infty} \sqrt[n]{a_n} < 1$ ならば $\sum_{n=1}^{\infty} a_n$ は収束する．

(2) $\lim_{n\to\infty} \sqrt[n]{a_n} > 1$ ならば $\sum_{n=1}^{\infty} a_n$ は発散する．

[証明]　(1) $\rho = \lim_{n\to\infty} \sqrt[n]{a_n} < 1$ とする．ある正数 ε で $\rho + \varepsilon < 1$ となるものをとる．このときある自然数 N が存在して，すべての $n \geqq N$ に対して $\sqrt[n]{a_n} < \rho + \varepsilon < 1$ となる．したがって，$n \geqq N$ に対しては

$a_n < (\rho+\varepsilon)^n$, $\rho+\varepsilon<1$ となり，収束する等比級数に対して定理 1.3.4 を適用することができる．

(2) $\rho = \lim_{n\to\infty} \sqrt[n]{a_n} > 1$ とする．このとき，ある自然数 N が存在して，すべての $n \geqq N$ に対して $\lim_{n\to\infty} \sqrt[n]{a_n} > 1$. したがって，$n \geqq N$ のとき $a_n > 1$ より $\sum_{n=1}^{\infty} a_n$ は発散する． ■

定理 1.3.6 (ダランベールの判定法) $a_n > 0$ とする．このとき，

(1) $\lim_{n\to\infty} \dfrac{a_{n+1}}{a_n} < 1$ ならば $\sum_{n=1}^{\infty} a_n$ は収束する．

(2) $\lim_{n\to\infty} \dfrac{a_{n+1}}{a_n} > 1$ ならば $\sum_{n=1}^{\infty} a_n$ は発散する．

[証明] (1) $\rho = \lim_{n\to\infty} \dfrac{a_{n+1}}{a_n} < 1$ とする．ある正数 ε で $\rho+\varepsilon<1$ となるものをとる．このとき，ある自然数 N が存在して，すべての $n \geqq N$ に対して $\dfrac{a_{n+1}}{a_n} < \rho+\varepsilon < 1$ となる．したがって，$n \geqq N$ に対しては $a_{n+1} < (\rho+\varepsilon)a_n < \cdots < (\rho+\varepsilon)^{n-N+1}a_N$ となる．よって，$\rho+\varepsilon<1$ であることに注意すると，$\sum_{n=N}^{\infty} a_{n+1} < \sum_{n=N}^{\infty} (\rho+\varepsilon)^{n-N+1}a_N < \infty$ が成り立ち，$\sum_{n=1}^{\infty} a_n$ は収束する．

(2) $\rho = \lim_{n\to\infty} \dfrac{a_{n+1}}{a_n} > 1$ とする．このとき，ある自然数 N が存在して，すべての $n \geqq N$ に対して $\dfrac{a_{n+1}}{a_n} > 1$ を満たす．したがって，$n \geqq N$ に対しては $a_{n+1} > a_n$ より，$a_{n+1} > a_n > \cdots > a_N$. ゆえに，$\sum_{n=1}^{\infty} a_n > \left(\sum_{n=N}^{\infty} 1\right)a_N = \infty$. ■

例題 1.3.1 級数 $\sum_{n=1}^{\infty} \left(\dfrac{2n+1}{3n+1}\right)^n$ は収束することを示せ．

[解答] $a_n = \left(\dfrac{2n+1}{3n+1}\right)^n$ とおくと，$a_n > 0$ より，級数 $\sum_{n=1}^{\infty} a_n$ は正項級数である．

$$\lim_{n\to\infty} \sqrt[n]{a_n} = \lim_{n\to\infty} \frac{2+\frac{1}{n}}{3+\frac{1}{n}} = \frac{2}{3} < 1$$

であるから，定理 1.3.5 により，級数 $\sum_{n=1}^{\infty} a_n$ は収束する． ■

級数 $\sum_{n=1}^{\infty} |a_n|$ が収束するとき，級数 $\sum_{n=1}^{\infty} a_n$ は**絶対収束**するという．

定理 1.3.7　絶対収束する級数は収束する．

［証明］ a, b $(a, b \in \boldsymbol{R})$ の大きいほうを記号 $\max\{a, b\}$ で表す．いま $a_n^+ = \max\{a_n, 0\}$，$a_n^- = \max\{-a_n, 0\}$ とおくと，$a_n^\pm \geqq 0$ であり $a_n = a_n^+ - a_n^-$ となる．$0 \leqq a_n^\pm \leqq |a_n|$ より正項級数 $\sum_{n=1}^{\infty} a_n^+$，$\sum_{n=1}^{\infty} a_n^-$ は収束する．したがって，$\sum_{n=1}^{\infty} a_n = \sum_{n=1}^{\infty} a_n^+ - \sum_{n=1}^{\infty} a_n^-$ となり，$\sum_{n=1}^{\infty} a_n$ は収束する． ■

●注意　例 1.3.2 および例 1.3.3 により，定理 1.3.7 の逆が成り立たないことがわかる．

絶対収束する級数に関して次の基本的な性質が成り立つが，証明せずに紹介するだけとする．

定理 1.3.8　絶対収束する級数に対して，その級数の項の順序を取り換えて得られる級数も絶対収束し，その和は変わらない．

定理 1.3.9　級数 $\sum_{n=1}^{\infty} a_n$，$\sum_{n=1}^{\infty} b_n$ が絶対収束し，$\sum_{n=1}^{\infty} a_n = S$，$\sum_{n=1}^{\infty} b_n = T$ とする．このとき各自然数 n に対して $c_n = \sum_{k=1}^{n} a_k b_{n-k+1}$ によって定められる級数 $\sum_{n=1}^{\infty} c_n$ も絶対収束し，その和は ST である．

演 習 問 題

1.3.1　次の級数の和を求めよ．

(1)　等比級数 $\sum_{n=1}^{\infty} ar^{n-1}$ $(|r| < 1)$　　(2)　$\sum_{n=1}^{\infty} \dfrac{1}{n(n+1)}$

1.3.2　正項級数 $\sum_{n=1}^{\infty} a_n$，$\sum_{n=1}^{\infty} b_n$ に対し，$\dfrac{a_{n+1}}{a_n} \leqq \dfrac{b_{n+1}}{b_n}$ $(n = 1, 2, \ldots)$ が成り立つとする．このとき次を示せ．

(1)　級数 $\sum_{n=1}^{\infty} b_n$ が収束するならば，級数 $\sum_{n=1}^{\infty} a_n$ も収束する．

(2) 級数 $\sum_{n=1}^{\infty} a_n$ が発散するならば，級数 $\sum_{n=1}^{\infty} b_n$ も発散する．

1.3.3 次の級数の収束・発散を判定せよ．

(1) $\sum_{n=1}^{\infty} \frac{1}{n^2}$ (2) $\sum_{n=1}^{\infty} \frac{1}{n^k}$ (k は定数) (3) $\sum_{n=1}^{\infty} \frac{1}{3^n} \frac{n^n}{n!}$

(4) $\sum_{n=1}^{\infty} \frac{1}{2^n} \frac{n^n}{n!}$ (5) $\sum_{n=1}^{\infty} \frac{\sqrt{n+1}-\sqrt{n-1}}{n}$

(6) $\sum_{n=1}^{\infty} \frac{\sqrt{n^2+n+1}-\sqrt{n^2-n+1}}{n}$

2 関　数

この章で，微分積分学の主役である「関数」を定義し，特に本書で主に扱う初等関数について解説する．また関数の極限および，関数の連続性について説明する．

2.0 関　数

A を一般の集合，B を数の集合とする．A のそれぞれの要素から，B のそれぞれ 1 つの要素への対応が与えられているとき，その対応を (A 上定義された B に値をとる) **関数**といい，特定の文字，たとえば f などの文字を用いて $f : A \to B$ と表す．$x \in A$ に対して $y \in B$ が対応しているとき，$y = f(x)$ と書く．x が A 上を変動するとき，x に対応している $y = f(x)$ は B 上を x に従って変動する．このとき，x をこの関数の**独立変数**，y を**従属変数**という．また，y は x の関数であるとも表現する．独立変数，従属変数をまとめて，単に**変数**ともいう．

○例 **2.0.1**　関数 $f : \boldsymbol{R} \to \boldsymbol{R}$ を $f(x) = x^2$ とする．f は $\boldsymbol{R}$ のそれぞれの要素を 2 乗することで，$\boldsymbol{R}$ のそれぞれ 1 つの要素への対応を与えるので，関数 $f : \boldsymbol{R} \to \boldsymbol{R}$ を定める．ここで x^2 はつねに 0 以上であるので，集合 $\{x \in \boldsymbol{R} \mid x \geqq 0\}$ を $\boldsymbol{R}_{\geqq 0}$ で表すと，$f : \boldsymbol{R} \to \boldsymbol{R}_{\geqq 0}$ と書いてもよい．

一般に関数 $f : A \to B$ に対して，A を関数 f の**定義域**，B のなかで関数 f のとりうる値全体のなす B の部分集合を関数 f の**値域**という．すなわち，$\{f(x) \mid x \in A\}$ ($\subset B$) が値域である．

○例 **2.0.2**　例 2.0.1 の関数 $f(x) = x^2$ の定義域は $\boldsymbol{R}$，値域は $\boldsymbol{R}_{\geqq 0}$ である．

○**例 2.0.3** 関数は定義域を場合分けして定義されることもある．たとえば，区間 $[0,1]$ を定義域とし，$x \in [0,1]$ に対して，x が有理数のとき $f(x)=1$ とし，x が無理数のとき $f(x)=0$ と定めると，$y=f(x)$ は $f:[0,1] \to \{0,1\}$ なる関数となる．このように，関数が場合分けされて定義されるとき，次のように表される．$x \in [0,1]$ に対して，

$$f(x) = \begin{cases} 1 & (x \in \boldsymbol{Q}) \\ 0 & (x \notin \boldsymbol{Q}). \end{cases}$$

値域が実数からなるとき，$y=f(x)$ を**実数値関数**という．微分積分学では主に $A, B \subset \boldsymbol{R}$ の場合，すなわち，実数の部分集合を定義域とする実数値関数を扱う．以下，特に断らなければ，関数というと実数値関数を表すものとする．

実数の部分集合 A を定義域とする実数値関数 $y=f(x)$ が与えられているとして，xy 平面上に集合

$$\{(x,y) \mid y=f(x)\ (x \in A)\}$$

の点を表す曲線を描く．この曲線を関数の**グラフ**という．図 2.1 は $y=x^2$ のグラフを表している．

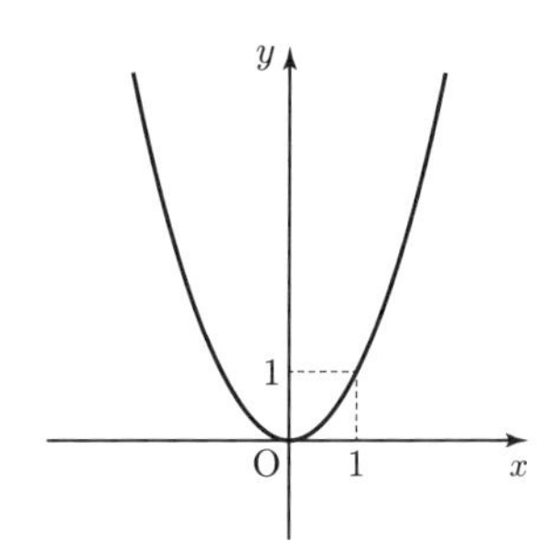

図 2.1 $y=x^2$ のグラフ

$f(x)$ に対して，x を α (α は値でも式でもよい) に置き換え，$f(\alpha)$ を求めることを，$f(x)$ に $x=\alpha$ を**代入**するという．実数に係数をもつ多項式 $f(x)=a_nx^n+a_{n-1}x^{n-1}+\cdots+a_1x+a_0$ は x に値を代入することにより，関数 $f:\boldsymbol{R} \to \boldsymbol{R}$ を与える．つまり，それぞれの $\alpha \in \boldsymbol{R}$ に対して，$f(\alpha)=a_n\alpha^n+a_{n-1}\alpha^{n-1}+\cdots+a_1\alpha+a_0$ が対応する．多項式で与えられる関数を**多項式関数**という．特に，1 次多項式，2 次多項式，3 次多項式で与えられる関数をそれぞれ 1 次関数，2 次関数，3 次関数という．一般には，n 次多項式で与えられる関数を $\boldsymbol{n}$ **次関数**という．

○例 **2.0.4** $y=2x+1$ は1次関数，$y=3x^2-x+1$ は2次関数，$y=x^3-2x^2+x+5$ は3次関数である．

○例 **2.0.5** 関数 $f(x), g(x)$ が与えられたとき，その和 $f(x)+g(x)$，積 $f(x)\cdot g(x)$，定数倍 $cf(x)$ $(c\in\boldsymbol{R})$ はまた新しい関数をつくる．たとえば，$y=x^2$ は関数 x を2回かけた $x\cdot x$ であり，$y=2x+1$ は関数 x を2倍し，定数関数 $y=1$ を足したものである．一般に，多項式関数は関数 $y=x$ と定数関数を使って，和，積，定数倍を有限回繰り返して得られる関数である．

実数に係数をもつ多項式 $f(x), g(x)$ に対して，その商 $\dfrac{f(x)}{g(x)}$ は代入により，新しい関数を与える．ここで，その定義域は $g(x)\neq 0$ なる $x\in\boldsymbol{R}$ である．このように，多項式の商で与えられる関数を**有理関数**という．

○例 **2.0.6** 有理関数 $\dfrac{x+2}{x^2-1}$ において，分母の多項式 x^2-1 は $x=\pm1$ で0となるので，この関数の定義域は $\boldsymbol{R}$ から $\{\pm1\}$ を除いた $\boldsymbol{R}\backslash\{\pm1\}$ である．有理関数 $y=\dfrac{x+2}{x^2-1}$ のグラフは図2.2に与えられている．

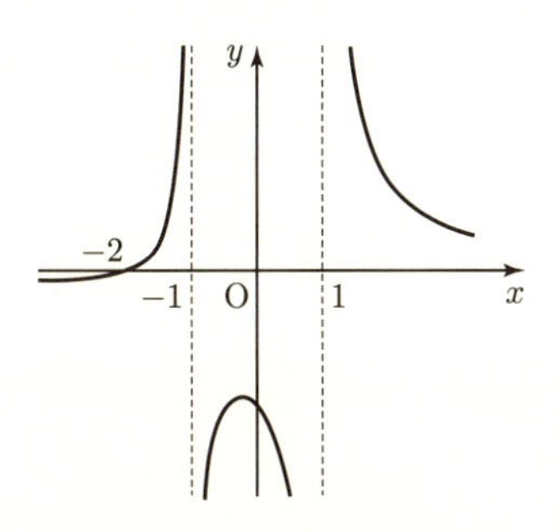

図2.2　$y=\dfrac{x+2}{x^2-1}$ のグラフ

●**注意**　有理関数 $\dfrac{x^2-1}{x-1}$ は $x=1$ 以外で定義されているが，$x\neq1$ では $\dfrac{x^2-1}{x-1}=\dfrac{(x+1)(x-1)}{x-1}=x+1$ と約分されるので，有理関数 $\dfrac{x^2-1}{x-1}$ は多項式関数 $x+1$ と等しいと読者は思われるかもしれない．しかし正確には，有理関数 $\dfrac{x^2-1}{x-1}$ は $x\neq1$ では定義されておらず，一方で多項式関数 $x+1$ は $x=1$ を含む $\boldsymbol{R}$ 全体で定義されている．このことから関数 $\dfrac{x^2-1}{x-1}$ と $x+1$ は関数として異なるものである．

定義域上の任意の x_1, x_2 に対して，「$x_1 < x_2$ ならば $f(x_1) < f(x_2)$」が成り立つとき，$f(x)$ は**単調増加**[1] であるという．また，「$x_1 < x_2$ ならば $f(x_1) > f(x_2)$」が成り立つとき，**単調減少**であるという．

○例 **2.0.7** 1次関数 $y = ax + b$ は，$a > 0$ のとき単調増加であり，$a < 0$ のとき単調減少である．

○例 **2.0.8** $n \in \boldsymbol{N}$ に対して，$f(x) = x^n$ は n が偶数のとき，$x \geqq 0$ で単調増加であり，$x \leqq 0$ で単調減少である．一方，n が奇数のとき，$f(x) = x^n$ は $\boldsymbol{R}$ 全体で単調増加である．

多項式関数 $y = x^n$ は n が偶数のとき $x \geqq 0$ で単調増加であるので，1つの $y \geqq 0$ が与えられたとき，$y = x^n$ となる $x \geqq 0$ がただ一つ存在する[2]．なぜなら，$x_1 < x_2$ かつ $y = f(x_1) = f(x_2)$ であるとすると，単調増加性の $f(x_1) < f(x_2)$ に矛盾するからである．同様に，n が奇数のとき $y = x^n$ は $\boldsymbol{R}$ 全体で単調増加であるので，1つの $y \in \boldsymbol{R}$ が与えられたとき，$y = x^n$ となる $x \in \boldsymbol{R}$ がただ一つ存在する．

この x を $y^{\frac{1}{n}}$ または $\sqrt[n]{y}$ と表し，y の $\boldsymbol{n}$ **乗根**という．n 乗根は n が偶数のとき関数 $\sqrt[n]{\ } : \boldsymbol{R}_{\geqq 0} \to \boldsymbol{R}_{\geqq 0}$ を，n が奇数のとき関数 $\sqrt[n]{\ } : \boldsymbol{R} \to \boldsymbol{R}$ を与える (2.2節を参照のこと)．特に $n = 2$ のときは，通例左肩の2を省略して $\sqrt{y}$ と表し，y の**平方根**ともいう．

$f : A \to B,\ g : B \to C$ を関数とする．このとき，$x \in A$ に対して $y = f(x) \in B$ であるが，さらにその y に対して $g(y) \in C$ が対応し，A を定義域とする C に値をとる関数ができる．この関数を $g \circ f : A \to C$ で表し，f と g の**合成関数**という．すなわち，$(g \circ f)(x) = g(f(x))$ である．

○例 **2.0.9** $y = f(x) = 2x + 1,\ z = g(y) = \sqrt{y}$ とすると，その合成関数は

$$z = g \circ f(x) = g(f(x)) = g(2x + 1) = \sqrt{2x + 1}$$

である．ただし，ここで f の定義域は $y = 2x + 1$ を $g(y)$ に代入できるように，$2x + 1 \geqq 0$ の部分，すなわち $x \geqq -\dfrac{1}{2}$ とする．

---

1) この条件を満たす関数を**狭義単調増加** (減少) といい，単に単調増加 (減少) というと，等号を含んだ $f(x_1) \leqq f(x_2)$ $(f(x_1) \geqq f(x_2))$ を満たす関数をさす教科書も多い．

2) 存在性については中間値の定理を参照．

有理関数に四則演算 (すなわち $+, -, \times, \div$) および n 乗根との合成関数を有限回行って得られる関数を**無理関数**という．たとえば，$\sqrt{x^2+1}+x$ や $\dfrac{\sqrt{x+\sqrt[3]{x^2+1}}-x}{\sqrt{2x+1}+1}+\sqrt[5]{\dfrac{x+1}{2x-1}}$ などは無理関数である．

2.1 初等関数

本節では，関数のなかでもっとも基本的な初等関数について説明する．

2.1.1 三角関数

図 2.3 のように，単位円上動径 OP が OA を始線とし，θ (ラジアン) だけ回転しているとする (角度は一般角を考えている)．このとき，$\theta \in \boldsymbol{R}$ に対して，点 P の x 座標，y 座標をそれぞれ $\cos\theta, \sin\theta\ (\in \boldsymbol{R})$ と書くと，独立変数を θ とする $\boldsymbol{R}$ 上の関数 $\cos\theta, \sin\theta$ が得られる．$\cos\theta, \sin\theta$ をそれぞれ**余弦関数**，**正弦関数**とよぶ．$\cos\theta, \sin\theta$ の定義域は $\boldsymbol{R}$ であり，値域は $[-1, 1]$ である．

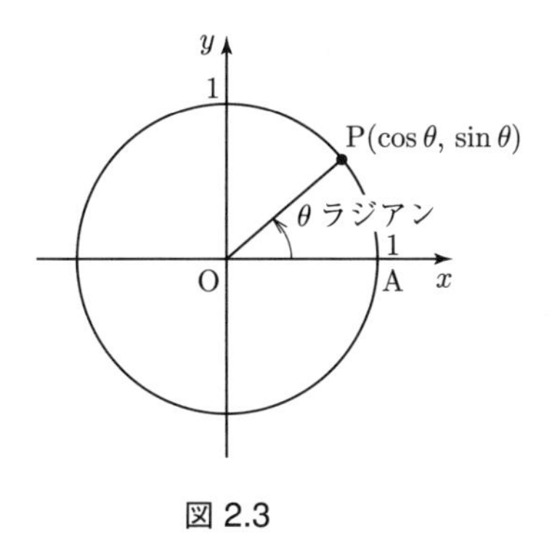

図 2.3

また，$\tan\theta = \dfrac{\sin\theta}{\cos\theta}$ と定義し，**正接関数**とよぶ．すなわち，正接関数は角度 θ に対して OP の傾きを対応させる関数である．$\tan\theta$ の定義域は $\cos\theta = 0$ となる $\left\{\pm\dfrac{\pi}{2}, \pm\dfrac{3\pi}{2}, \pm\dfrac{5\pi}{2}, \cdots\right\}$ を $\boldsymbol{R}$ から除いた部分であり，その値域は $\boldsymbol{R}$ となる．

正弦関数，余弦関数，正接関数をまとめて，単に**三角関数**ともいう．独立変数を x に書き直した三角関数 $y = \cos x$, $y = \sin x$, $y = \tan x$ のグラフは図 2.4 ～2.6 のように与えられる．また 表 2.1 は三角関数の主な値を記している．

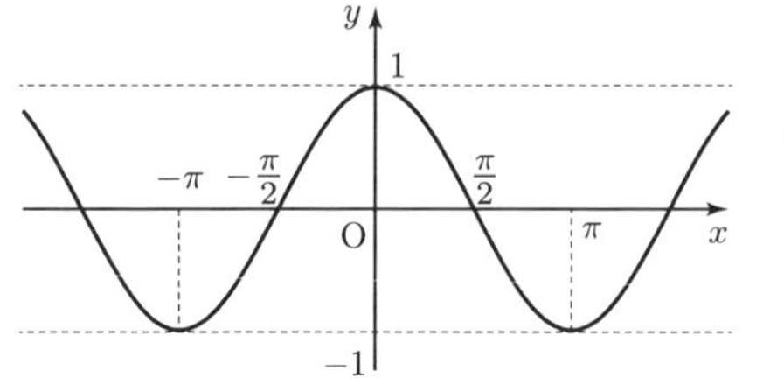

図 2.4 $y = \cos x$

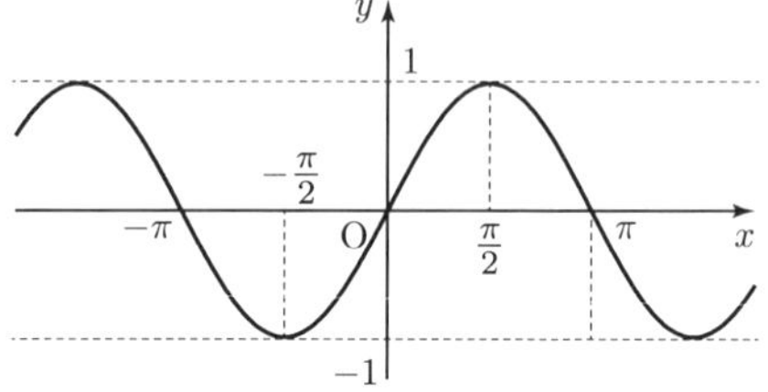

図 2.5 $y = \sin x$

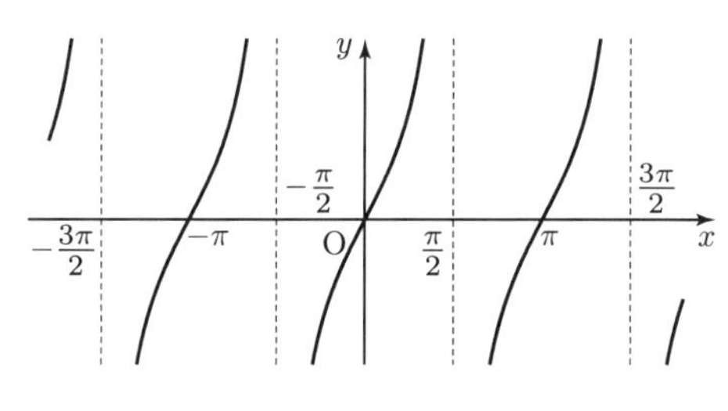

図 2.6 $y = \tan x$

表 2.1 三角関数の主な値

θ の値	0	$\frac{\pi}{6}$	$\frac{\pi}{4}$	$\frac{\pi}{3}$	$\frac{\pi}{2}$
$\sin\theta$	0	$\frac{1}{2}$	$\frac{1}{\sqrt{2}}$	$\frac{\sqrt{3}}{2}$	1
$\cos\theta$	1	$\frac{\sqrt{3}}{2}$	$\frac{1}{\sqrt{2}}$	$\frac{1}{2}$	0
$\tan\theta$	0	$\frac{1}{\sqrt{3}}$	1	$\sqrt{3}$	

三角関数のべき乗は慣習上 $\cos, \sin, \tan$ の右肩に表す．すなわち $n \in \boldsymbol{N}$ に対して，$(\cos x)^n = \cos^n x$, $(\sin x)^n = \sin^n x$, $(\tan x)^n = \tan^n x$ などと表す．負の整数 n に対してはこの表記は使用しない．つまり $\cos^{-2} x$ などとは書かない (逆三角関数の 2.2.1 項を参照).

定理 2.1.1 (基本公式) 次が成り立つ．

(1) $\cos^2\theta + \sin^2\theta = 1$

(2) $1 + \tan^2\theta = \dfrac{1}{\cos^2\theta}$

(3) $\cos(\theta \pm 2\pi) = \cos\theta,\ \sin(\theta \pm 2\pi) = \sin\theta$

(4) $\cos(-\theta) = \cos\theta,\ \sin(-\theta) = -\sin\theta$

(5) $\cos(\theta \pm \pi) = -\cos\theta,\ \sin(\theta \pm \pi) = -\sin\theta$

(6) $\cos\left(\theta \pm \frac{\pi}{2}\right) = \mp \sin\theta$, $\sin\left(\theta \pm \frac{\pi}{2}\right) = \pm \cos\theta$ (複号同順)

定理 2.1.1 の証明は省略する．

定理 2.1.1(3), (5) からすぐにわかるように，$n \in \boldsymbol{Z}$ に対して，

$$\cos(x + 2n\pi) = \cos x, \quad \sin(x + 2n\pi) = \sin x, \quad \tan(x + n\pi) = \tan x$$

が成り立つ[3]．

○例 **2.1.1** 表 2.1 と定理 2.1.1 より，

$$\cos\frac{2\pi}{3} = \cos\left(\pi - \frac{\pi}{3}\right) = -\cos\frac{\pi}{3} = -\frac{1}{2},$$
$$\sin\frac{7\pi}{6} = \sin\left(\pi + \frac{\pi}{6}\right) = -\sin\frac{\pi}{6} = -\frac{1}{2}$$

などが計算できる．

以下，三角関数でよく用いる公式をあげる．証明はすべて省略する．

定理 2.1.2 (加法公式) 次が成り立つ．

(1) $\cos(x + y) = \cos x \cos y - \sin x \sin y$

(2) $\sin(x + y) = \cos x \sin y + \sin x \cos y$

(3) $\tan(x + y) = \dfrac{\tan x + \tan y}{1 - \tan x \tan y}$

定理 2.1.3 (倍角，半角の公式) 次が成り立つ．

(1) $\cos 2x = \cos^2 x - \sin^2 x$, $\sin 2x = 2 \sin x \cos x$

(2) $\cos^2 \dfrac{x}{2} = \dfrac{1 + \cos x}{2}$, $\sin^2 \dfrac{x}{2} = \dfrac{1 - \cos x}{2}$

定理 2.1.4 (積和の公式) 次が成り立つ．

(1) $\sin x \cos y = \dfrac{1}{2}\{\sin(x + y) + \sin(x - y)\}$

(2) $\cos x \cos y = \dfrac{1}{2}\{\cos(x + y) + \cos(x - y)\}$

(3) $\sin x \sin y = -\dfrac{1}{2}\{\cos(x + y) - \cos(x - y)\}$

---

3) このことは正弦関数，余弦関数は 2π，正接関数は π を周期としてもつ**周期関数**であると表現される．

定理 2.1.5 (和積の公式)　次が成り立つ.

(1) $\sin x + \sin y = 2\sin\dfrac{x+y}{2}\cos\dfrac{x-y}{2}$

(2) $\sin x - \sin y = 2\cos\dfrac{x+y}{2}\sin\dfrac{x-y}{2}$

(3) $\cos x + \cos y = 2\cos\dfrac{x+y}{2}\cos\dfrac{x-y}{2}$

(4) $\cos x - \cos y = -2\sin\dfrac{x+y}{2}\sin\dfrac{x-y}{2}$

2.1.2 指数関数

$a > 0$ $(a \neq 1)$ を一つ固定する．このとき，$x \in \boldsymbol{R}$ に $y = a^x$ を対応させる関数を**指数関数**といい，a をこの指数関数の**底**という．指数関数の定義域は $\boldsymbol{R}$ で，値域は $(0, \infty)$ である．図 2.7 のように，この関数のグラフは $0 < a < 1$, $a > 1$ で形が大きく変わってくる．

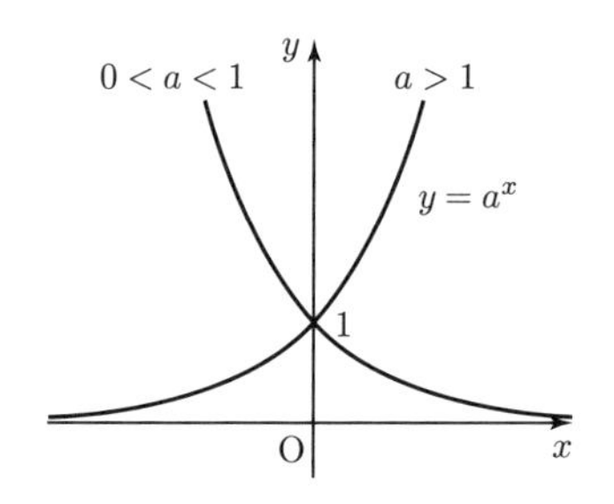

図 2.7　$y = a^x$ のグラフ

$0 < a < 1$ のとき，$y = a^x$ は単調に減少し，x を正の方向に大きくしていくと，y は 0 に限りなく近づいていくがけっして 0 にはならない．逆に，x を負の方向に大きくしていくと，y は限りなく大きくなっていく．$a > 1$ のときは逆に，$y = a^x$ は単調に増加し，x を負の方向に大きくしていくと，y は 0 に近づいていくがけっして 0 にならない．x を正の方向に大きくしていくと，y は限りなく大きくなっていく．

指数関数については次の指数法則がよく知られている．証明は省略する．

定理 2.1.6 (指数法則)　$a, b > 0$, $x, y \in \boldsymbol{R}$ に対して，次が成り立つ．

(1) $a^x a^y = a^{x+y}$

(2) $a^x b^x = (ab)^x$

(3) $(a^x)^y = a^{xy}$

(4) $\dfrac{a^x}{a^y} = a^{x-y}$

(5) $\dfrac{a^x}{b^x} = \left(\dfrac{a}{b}\right)^x$

演習問題

2.1.1 次の値を求めよ．

(1) $\sin\dfrac{3\pi}{4}$ (2) $\cos\dfrac{7\pi}{6}$ (3) $\tan\dfrac{5\pi}{3}$

2.1.2 (1) $0 \leqq x \leqq \pi$ で $\cos x = -\dfrac{1}{3}$ のとき，$\sin x$ を求めよ．

(2) $\dfrac{\pi}{2} \leqq x \leqq \dfrac{3\pi}{2}$ で $\sin x = \dfrac{1}{5}$ のとき，$\cos x$ を求めよ．

(3) $0 < x, y < \dfrac{\pi}{2}$ で $\tan x = 2, \tan y = 3$ のとき，$\tan(x+y)$ を求めよ．また，$x+y$ の値を求めよ．

2.1.3 次の値を求めよ．

(1) $\cos\dfrac{7\pi}{12}\cos\dfrac{\pi}{12}$ (2) $\cos\dfrac{5\pi}{12}\sin\dfrac{11\pi}{12}$ (3) $\sin\dfrac{7\pi}{12} - \sin\dfrac{\pi}{12}$

(4) $\cos\dfrac{5\pi}{12} + \cos\dfrac{11\pi}{12}$

2.1.4 次の計算をせよ．

(1) $\sqrt[3]{27}$ (2) $\dfrac{\sqrt[5]{160}}{\sqrt[5]{5}}$ (3) $\sqrt[4]{3}\sqrt[4]{27}$ (4) $\sqrt{\sqrt[3]{729}}$ (5) $\sqrt[3]{\dfrac{27}{125}}$

(6) $a^{\frac{3}{4}}a^{-\frac{1}{3}} \div a^{\frac{1}{2}}$

2.2 逆関数

2.2.0 逆関数

関数 $y = f(x)$ において，1 つの y に対して，ただ一つの x が対応しているとき，x は y の関数とみることができる．その関数を $x = f^{-1}(y)$ と書き，$y = f(x)$ の**逆関数**という．逆関数 $x = f^{-1}(y)$ は値域と定義域が $y = f(x)$ のものと逆になる．すなわち，$f : A \to B$ で，値域が B と一致するとき，$f^{-1} : B \to A$ となる．

○**例 2.2.1**　$f(x) = x^2$ は定義域を $\boldsymbol{R}$ とすると，1つの $y > 0$ に対して符号のみ異なる2つの x が対応しているが，定義域を $\boldsymbol{R}_{\geqq 0}$ に制限すると，1つの $y \geqq 0$ に対して1つの x が対応するようになる．$y = f(x) = x^2$ は $\boldsymbol{R}_{\geqq 0}$ から $\boldsymbol{R}_{\geqq 0}$ への1対1対応を与えているので，逆関数 $x = f^{-1}(y)$ が考えられる．$f^{-1}(y)$ は2乗して y になるただ一つの $x \geqq 0$ を対応させる関数である．これを通常 $f^{-1}(y) = \sqrt{y}$ と書くのであった (例 2.0.8 参照)．

●**注意**　上の逆関数の表記では y が独立変数で，x が従属変数となっているが，慣習上，独立変数としては x を用いることが多いので，$y = f^{-1}(x)$ としばしば書く．このとき，$f^{-1}(x)$ は x に $x = f(y)$ となる y を対応させる関数を表している．

$y = f(x)$ の逆関数 $y = f^{-1}(x)$ のグラフは，$y = f(x)$ のグラフを直線 $y = x$ で線対称をとったものになる (図 2.8 を参照)．

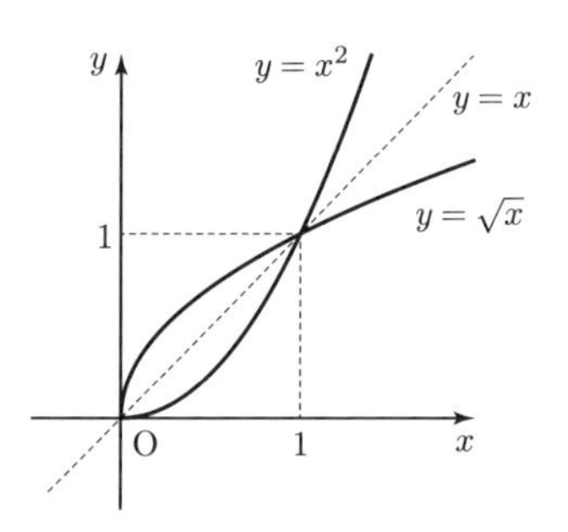

図 2.8　$y = x^2$ とその逆関数 $y = \sqrt{x}$ のグラフ

○**例 2.2.2**　$y = x^n$ の逆関数が $x = \sqrt[n]{y}$ である (例 2.0.8 参照)．

2.2.1　逆三角関数

$y = f(x) = \sin x$ に対して，定義域を $\left[-\frac{\pi}{2}, \frac{\pi}{2}\right]$ に制限すると，関数 $f : \left[-\frac{\pi}{2}, \frac{\pi}{2}\right] \to [-1, 1]$ は1つの $y \in \boldsymbol{R}$ に対して，ただ一つの $x \in \left[-\frac{\pi}{2}, \frac{\pi}{2}\right]$ が対応している．よって，その逆関数 $x = f^{-1}(y)$ が考えられ，$x = \sin^{-1} y$ (アークサイン y) と書き，**逆正弦関数**という．上の注意で述べたように，変数 x と y の役割をひっくり返して，$y = f^{-1}(x) = \sin^{-1} x$ と書くと，逆関数 $f^{-1}(x)$ は $x \in [-1, 1]$ に対して，$x = \sin y$ となる $y \in \left[-\frac{\pi}{2}, \frac{\pi}{2}\right]$ を対応させる関数である．$y = \sin^{-1} x$ の定義域は $[-1, 1]$ であり，値域は $\left[-\frac{\pi}{2}, \frac{\pi}{2}\right]$ であ

る．グラフは図 2.9 のように与えられる．

同様に，$y = f(x) = \cos x$ (定義域 $[0, \pi]$，値域 $[-1, 1]$), $y = g(x) = \tan x$ (定義域 $\left(-\dfrac{\pi}{2}, \dfrac{\pi}{2}\right)$，値域 $\boldsymbol{R}$) に対して，その逆関数をそれぞれ $x = f^{-1}(y) = \cos^{-1} y$ (アークコサイン y), $x = g^{-1}(y) = \tan^{-1} y$ (アークタンジェント y) と書き，**逆余弦関数**，**逆正接関数**という．上と同様に，変数 x と y の役割をひっくり返して考えて，$y = \cos^{-1} x$ は $x \in [-1, 1]$ に対して，$x = \cos y$ となる $y \in [0, \pi]$ を対応させる関数である．同様に，$y = \tan^{-1} x$ は $x \in \boldsymbol{R}$ に対して，$x = \tan y$ となる $y \in \left(-\dfrac{\pi}{2}, \dfrac{\pi}{2}\right)$ を対応させる関数である．$y = f^{-1}(x) = \cos^{-1} x$ の定義域は $[-1, 1]$，値域は $[0, \pi]$ であり，$y = g^{-1}(x) = \tan^{-1} x$ の定義域は $\boldsymbol{R}$，値域は $\left(-\dfrac{\pi}{2}, \dfrac{\pi}{2}\right)$ である．グラフはそれぞれ図 2.10, 図 2.11 のように与えられる．

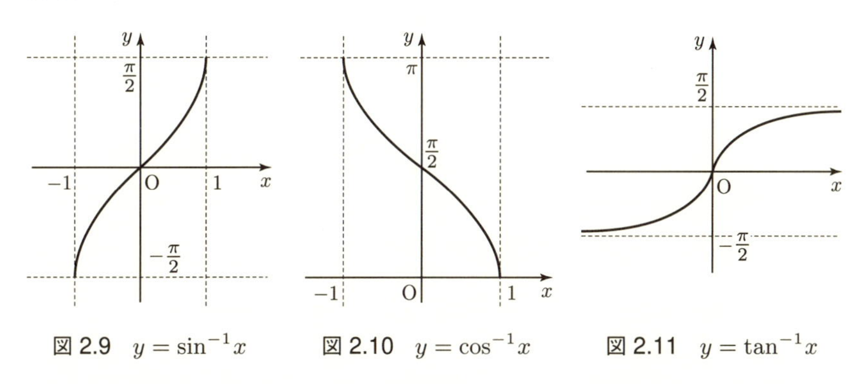

図 2.9 $y = \sin^{-1} x$　　図 2.10 $y = \cos^{-1} x$　　図 2.11 $y = \tan^{-1} x$

逆正弦関数，逆余弦関数，逆正接関数をまとめて，**逆三角関数**という．

●**注意**　ここで，$\sin^{-1} x$, $\cos^{-1} x$, $\tan^{-1} x$ はそれぞれ $\dfrac{1}{\sin x}$, $\dfrac{1}{\cos x}$, $\dfrac{1}{\tan x}$ を意味しない．負の整数 n に対しては，$\sin^n x$ の表記は $(\sin x)^n$ を意味しなかったことに注意する．

●**注意**　$\sin \dfrac{\pi}{6} = \sin \dfrac{5\pi}{6} = \dfrac{1}{2}$ であるが，$y = \sin^{-1} x$ の値域が $\left[-\dfrac{\pi}{2}, \dfrac{\pi}{2}\right]$ であることに注意すると，$\sin^{-1} \dfrac{1}{2} = \dfrac{\pi}{6}$ であり，$\sin^{-1} \dfrac{1}{2} \neq \dfrac{5\pi}{6}$ であることがわかる．

2.2.2 対数関数

$a > 0$ $(a \neq 1)$ を底とする指数関数 $y = f(x) = a^x$ は，1 つの $y > 0$ に対してただ一つの x が対応するので逆関数が考えられ，その逆関数を $x = f^{-1}(y) = \log_a y$ と書く．上記と同様に，x と y の役割をひっくり返して

考えて $y = \log_a x$ とすると，$y = \log_a x$ は $x > 0$ に対して $a^y = x$ となる y を対応させる関数を表す．$y = \log_a x$ を a を底とする**対数関数**という．対数関数 $y = \log_a x$ の定義域は $x > 0$ であり，値域は $\boldsymbol{R}$ である．特に $a = e$ (ネピア数) とするとき，$\log_e x = \log x$ と e を省略して書き，**自然対数関数**という．

x を固定したとき，値 $\log_a x$ を簡単に**対数**といい，a をその**底**，x をその**真数**という．$a > 1$ のとき，対数関数 $y = \log_a x$ は，x を正の方向から 0 に近づけると限りなく負の方向に大きくなる．また，x を限りなく大きくすると，限りなく大きくなる．一方，$a < 1$ のとき，対数関数 $y = \log_a x$ は，x を正の方向から 0 に近づけると限りなく大きくなる．また，x を限りなく大きくすると，限りなく負の方向に大きくなる (図 2.12).

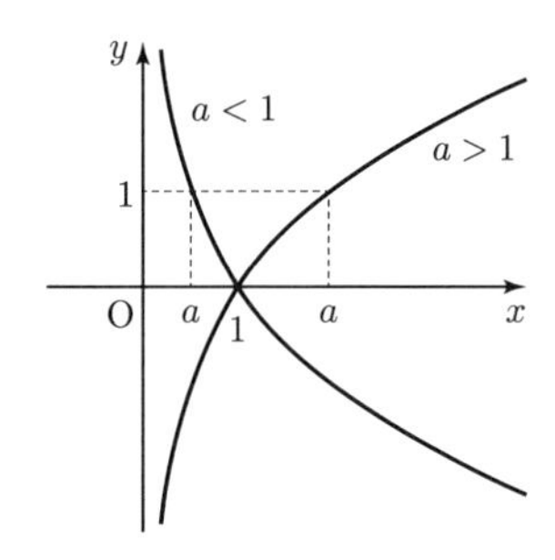

図 2.12　$y = \log_a x$ のグラフ

対数関数に対して，次の公式が知られている．証明は省略する．

定理 2.2.1　次が成り立つ．

(1) $\log_a x + \log_a y = \log_a xy$

(2) $\log_a x - \log_a y = \log_a \dfrac{x}{y}$

(3) $x \log_a y = \log_a y^x$

(4) $\log_a b = \dfrac{\log_c b}{\log_c a}$

以上述べてきた多項式関数，無理関数，三角関数，指数関数，逆三角関数，対数関数の四則演算，合成を有限回繰り返して得られる関数を**初等関数**という．

演習問題

2.2.1　次の関数 $y = f(x)$ の逆関数を求め，逆関数の定義域と値域を求めよ．

(1) $y = 3x - 1$　(2) $y = x^2 + 2x - 1$　(3) $y = \dfrac{2x-1}{x+1}$

2.2.2 次の値を求めよ．

(1) $\sin^{-1}\dfrac{1}{2}$　(2) $\cos^{-1}\dfrac{\sqrt{2}}{2}$　(3) $\tan^{-1}\dfrac{1}{\sqrt{3}}$　(4) $\sin^{-1}\left(-\dfrac{1}{2}\right)$

(5) $\tan^{-1}(-1)$　(6) $\cos^{-1}\left(-\dfrac{\sqrt{3}}{2}\right)$　(7) $\cos^{-1}0$

2.2.3 次を示せ．

(1) $\sin^{-1}(-x) = -\sin^{-1}x$　(2) $\tan^{-1}(-x) = -\tan^{-1}x$

(3) $\cos^{-1}(-x) = \pi - \cos^{-1}x$　(4) $\sin^{-1}x + \cos^{-1}x = \dfrac{\pi}{2}$

2.2.4 次の式を満たす x を求めよ．

(1) $\sin^{-1}\dfrac{3}{5} = \tan^{-1}x$　(2) $\tan^{-1}\sqrt{2} = \cos^{-1}x$

(3) $\sin^{-1}\dfrac{1}{2} = 2\cos^{-1}x$　(4) $\sin^{-1}x = \cos^{-1}\dfrac{4}{5}$

2.2.5 次を示せ．

(1) $\tan^{-1}\dfrac{1}{2} + \tan^{-1}\dfrac{1}{3} = \dfrac{\pi}{4}$　(2) $2\tan^{-1}\dfrac{1}{3} + \tan^{-1}\dfrac{1}{7} = \dfrac{\pi}{4}$

2.2.6 次の計算をせよ．

(1) $\log_3 24 + \log_3 \dfrac{9}{8}$　(2) $2\log_5\sqrt{50} - \log_5 2$

(3) $\log_{10}\dfrac{2}{15} - \log_{10}\dfrac{8}{75} + \dfrac{1}{2}\log_{10}64$　(4) $\log_3\dfrac{3}{5} + 2\log_9\dfrac{5}{3}$

2.2.7 次の方程式を解け．

(1) $\log_5(2x+9) = \log_5(x+1) + 1$　(2) $(\log_3 x)^2 - \log_3 x^4 - 5 = 0$

2.3　関数の極限

関数 $y = f(x)$ に対して，x が a に限りなく近づくとき，値 $y = f(x)$ が一定の値 l に限りなく近づくとき，「$y = f(x)$ は x が a に近づくとき，l に収束する」といい，

$$\lim_{x \to a} f(x) = l$$

と書く．l をその**極限値**という．ここで注意すべきことは，x は a に近づけるだけで a にはならないことである．特に $f(x)$ は，$x = a$ で定義されている必要すらない．

○例 **2.3.1**　(1)　定数 $c \in \boldsymbol{R}$ に対して，$\lim\limits_{x \to a} c = c$.

(2)　$a \in \boldsymbol{R}$ に対して，$\lim\limits_{x \to a} x = a$.

(3) $a \in \boldsymbol{R}$ に対して，$\lim_{x \to a} |x| = |a|$.

2.3.1 関数の極限の基本性質

関数の極限について，次の基本的な定理が成り立つ．証明は省略する．

定理 2.3.1 関数 $y = f(x)$, $y = g(x)$ に対して，$\lim_{x \to a} f(x) = l$, $\lim_{x \to a} g(x) = m$ とする．このとき，次が成り立つ．

(1) $\lim_{x \to a} \{f(x) \pm g(x)\} = l \pm m$

(2) 任意の $c \in \boldsymbol{R}$ に対して，$\lim_{x \to a} cf(x) = cl$.

(3) $\lim_{x \to a} f(x)g(x) = lm$

(4) $m \neq 0$ のとき，$\lim_{x \to a} \dfrac{f(x)}{g(x)} = \dfrac{l}{m}$.

(5) a の近くの x に対して，つねに $f(x) \leqq g(x)$ が成り立つならば，$l \leqq m$.

複雑な関数の極限は定理 2.3.1 を繰り返し用いて求められる．

○**例 2.3.2** (1) $\lim_{x \to a} x^2$ を求める．$\lim_{x \to a} x = a$ であるので，定理 2.3.1(3) を用いて，$\lim_{x \to a} x^2 = \lim_{x \to a} x \cdot \lim_{x \to a} x = a \cdot a = a^2$. 一般に，定理 2.3.1(3) を n 回用いて，$\lim_{x \to a} x^n = \left(\lim_{x \to a} x\right)^n = a^n$ である．

(2) $\lim_{x \to 2}(2x^2 - x + 1)$ を求める．(1) および定理 2.3.1(1)〜(3) を用いて，$\lim_{x \to 2}(2x^2 - x + 1) = 2\lim_{x \to 2} x^2 - \lim_{x \to 2} x + 1 = 2 \cdot 2^2 - 2 + 1 = 7$ である．

例題 2.3.1 次の極限値を求めよ．

(1) $\lim_{x \to 1} \dfrac{x^2 + x + 1}{x + 2}$ (2) $\lim_{x \to 1} \dfrac{x^3 - 1}{x^2 + x - 2}$

[解答] (1) 定理 2.3.1(1)〜(4) を用いて，

$$\lim_{x \to 1} \frac{x^2 + x + 1}{x + 2} = \frac{\lim_{x \to 1}(x^2 + x + 1)}{\lim_{x \to 1}(x + 2)} = \frac{1^2 + 1 + 1}{1 + 2} = \frac{3}{3} = 1.$$

(2) $x \neq 1$ のとき，$\dfrac{x^3 - 1}{x^2 + x - 2} = \dfrac{x^2 + x + 1}{x + 2}$ であるので，

$$\lim_{x \to 1} \frac{x^3 - 1}{x^2 + x - 2} = \lim_{x \to 1} \frac{x^2 + x + 1}{x + 2} = 1.$$

■

x が近づく値 a として「正の無限大」$+\infty$ (簡単に ∞ と表すことも多い) や「負の無限大」$-\infty$ の場合も考える．ここで正の無限大 $+\infty$ とはどんな実数よりも大きい量を表し，負の無限大 $-\infty$ はどんな実数よりも負の方向に大きい量を表している．「x が ∞ に限りなく近づく」ということは，すなわち「x が限りなく大きくなる」ことを意味しており，同様に「x が $-\infty$ に限りなく近づく」ことは「x が限りなく負の方向に (数直線でいうと左に) 大きくなる」ことを意味している．

また，x が a に限りなく近づくとき，どの (有限の) 値にも $y = f(x)$ が収束しないとき，**発散**するという．特に発散する場合で，関数 $f(x)$ が限りなく大きくなるとき，または負の方向に大きくなるとき，それぞれ正の無限大または負の無限大に発散するといい，

$$\lim_{x \to a} f(x) = \infty, \quad \text{または} \quad \lim_{x \to a} f(x) = -\infty$$

と書く．

定理 2.3.1 は，$a = \pm\infty$ や $l, m = \pm\infty$ の場合でも成立する．

○**例 2.3.3** (1) $\displaystyle\lim_{x \to \infty} \frac{1}{x} = 0.$

(2) 定理 2.3.1(3) より，$\displaystyle\lim_{x \to \infty} \frac{1}{x^2} = \lim_{x \to \infty} \frac{1}{x} \cdot \lim_{x \to \infty} \frac{1}{x} = 0 \cdot 0 = 0.$ 同様に，$n \in \boldsymbol{N}$ に対して，$\displaystyle\lim_{x \to \pm\infty} \frac{1}{x^n} = 0^n = 0.$

(3) $\displaystyle\lim_{x \to \infty} \sqrt{x} = \infty$ となり，∞ に発散する．

例題 2.3.2 次の極限値を求めよ．

(1) $\displaystyle\lim_{x \to \infty} \frac{2x+1}{3x-1}$ (2) $\displaystyle\lim_{x \to \infty} \left(\sqrt{x+1} - \sqrt{x}\right)$ (3) $\displaystyle\lim_{x \to \infty} (x^3 - x^2 + 2x + 4)$

(4) $\displaystyle\lim_{x \to 0} \frac{1}{x^2}$ (5) $\displaystyle\lim_{x \to \infty} \sin x$

[解答] (1) 定理 2.3.1 より，$\displaystyle\lim_{x \to \infty} \frac{2x+1}{3x-1} = \lim_{x \to \infty} \frac{2 + \frac{1}{x}}{3 - \frac{1}{x}} = \frac{2+0}{3-0} = \frac{2}{3}.$

(2)
$$\lim_{x \to \infty} (\sqrt{x+1} - \sqrt{x}) = \lim_{x \to \infty} \frac{(\sqrt{x+1} - \sqrt{x})(\sqrt{x+1} + \sqrt{x})}{\sqrt{x+1} + \sqrt{x}}$$
$$= \lim_{x \to \infty} \frac{1}{\sqrt{x+1} + \sqrt{x}} = 0.$$

(3) $\lim_{x\to\infty}(x^3-x^2+2x+4)=\lim_{x\to\infty}x^3\left(1-\frac{1}{x}+\frac{2}{x^2}+\frac{4}{x^3}\right)=\infty$ となり，∞ に発散する．

(4) x が 0 に近づくとき，x^2 は正の方向だけから 0 に近づいていくので，$\frac{1}{x^2}$ は限りなく正の方向に大きくなり，$\lim_{x\to 0}\frac{1}{x^2}=\infty$ である．よって，この極限は ∞ に発散する．

(5) $\sin x$ は 2π を周期として，$-1\sim 1$ の値を動いているので，$\lim_{x\to\infty}\sin x$ は存在しない．■

x を正の方向 (負の方向) だけから a に近づけるとき，$f(x)$ が一定の値 l に限りなく近づくとき，

$$\lim_{x\to a+0}f(x)=l \quad \left(\lim_{x\to a-0}f(x)=l\right)$$

と書き, l をその**右極限値** (**左極限値**) という．$\lim_{x\to a+0}f(x)=\pm\infty$ $\left(\lim_{x\to a-0}f(x)=\pm\infty\right)$ は上記の極限値と同様の方法で定義される．$a=0$ のとき，右極限値 (左極限値) は簡単に $\lim_{x\to +0}f(x)$ $\left(\lim_{x\to -0}f(x)\right)$ としばしば略記される．

次の定理は，極限値が $\pm\infty$ の場合にも成り立つ．証明は省略する．

定理 2.3.2　$f(x)$ が極限値をもつ必要十分条件は，$f(x)$ の右極限値と左極限値が存在し，かつその値が一致することである．

例題 2.3.3　次の極限値を求めよ．

(1) $\lim_{x\to 0}\frac{1}{x}$　　(2) $\lim_{x\to 0}\frac{x}{|x|}$

[解答] (1) $\lim_{x\to +0}\frac{1}{x}$ は x を正の方向から 0 に近づけると，$\frac{1}{x}$ は限りなく正の方向に大きくなるので，$\lim_{x\to +0}\frac{1}{x}=\infty$．同様に，$\lim_{x\to -0}\frac{1}{x}=-\infty$ がわかる．よって右極限値と左極限値が一致しないので，$\lim_{x\to 0}\frac{1}{x}$ は存在しない．

(2) $\lim_{x\to +0}\frac{x}{|x|}=\lim_{x\to +0}\frac{x}{x}=\lim_{x\to +0}1=1$．一方，$\lim_{x\to -0}\frac{x}{|x|}=\lim_{x\to -0}\frac{x}{-x}=$

$\lim_{x\to-0}(-1) = -1$. 右極限値と左極限値が一致しないので，$\lim_{x\to 0}\dfrac{x}{|x|}$ は存在しない． ■

定理 2.3.3 (はさみうちの原理)　a の近くの x に対して，つねに $g(x) \leqq f(x) \leqq h(x)$ が成り立つとする．このとき，もし $\lim_{x\to a} g(x) = \lim_{x\to a} h(x) = l$ が成り立つならば，$\lim_{x\to a} f(x) = l$ が成り立つ．

証明は省略する．定理 2.3.3 は右極限値，左極限値の場合，さらに $l = \pm\infty$ の場合でも成り立つ．

例題 2.3.4　$\lim_{x\to 0} x\sin\dfrac{1}{x} = 0$ を示せ．

［解答］　$x \neq 0$ で $\left|\sin\dfrac{1}{x}\right| \leqq 1$ であるので，$x=0$ の近くでつねに $-|x| \leqq x\sin\dfrac{1}{x} \leqq |x|$ である．$\lim_{x\to 0}|x| = \lim_{x\to 0}(-|x|) = 0$ より，定理 2.3.3 を適用して，$\lim_{x\to 0} x\sin\dfrac{1}{x} = 0$ を得る． ■

2.3.2　基本的な不定形の極限

定理 2.3.4　(1)　$\lim_{\theta\to 0}\dfrac{\sin\theta}{\theta} = 1$.

(2)　$\lim_{x\to\infty}\left(1+\dfrac{1}{x}\right)^x = e$ (e はネピア数).

［証明］　(1)　まず $\lim_{\theta\to +0}\dfrac{\sin\theta}{\theta} = 1$ を示す．$0 < \theta < \dfrac{\pi}{2}$ のとき，図 2.13 のよ

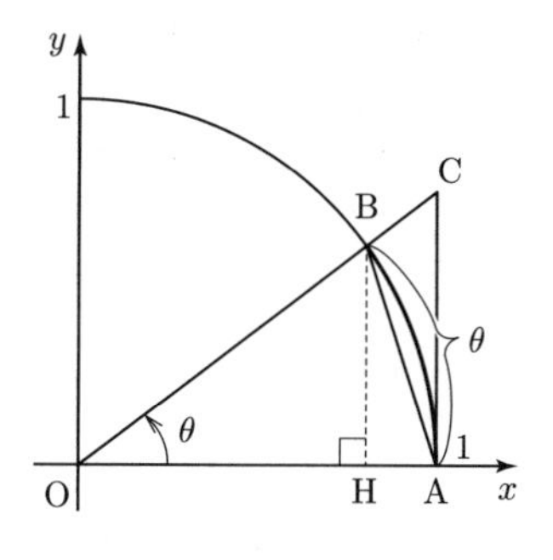

図 2.13

うに，点 A, B, C をとる．明らかに，弧 AB の長さ θ は 線分 BH の長さ $\sin\theta$ よりも長く，線分 AC の長さ $\tan\theta$ より短い．よって $0 < \sin\theta < \theta < \tan\theta$ を得る．この不等式から，$\cos\theta < \dfrac{\sin\theta}{\theta} < 1$ がわかる．$\displaystyle\lim_{\theta\to+0}\cos\theta = 1$ であるから，定理 2.3.3 より，$\displaystyle\lim_{\theta\to+0}\frac{\sin\theta}{\theta} = 1$ を得る．

次に，$\displaystyle\lim_{\theta\to-0}\frac{\sin\theta}{\theta} = 1$ を示す．$\theta' = -\theta$ とすると，θ が負の方向から 0 に近づくとき，θ' は正の方向から 0 に近づく．よって

$$\lim_{\theta\to-0}\frac{\sin\theta}{\theta} = \lim_{\theta'\to+0}\frac{\sin(-\theta')}{-\theta'} = \lim_{\theta'\to+0}\frac{-\sin\theta'}{-\theta'} = \lim_{\theta'\to+0}\frac{\sin\theta'}{\theta'} = 1.$$

よって，右極限値と左極限値が一致し，$\displaystyle\lim_{\theta\to0}\frac{\sin\theta}{\theta} = 1$ を得る．

(2) $x \in \boldsymbol{R}$ に対して，$n \leqq x \leqq n+1$ となる $n \in \boldsymbol{N}$ をとる．このとき，

$$\left(1+\frac{1}{n+1}\right)^n < \left(1+\frac{1}{x}\right)^x < \left(1+\frac{1}{n}\right)^{n+1}$$

である．$x \to \infty$ であるとき $n \to \infty$ であるから，$\displaystyle\lim_{n\to\infty}\left(1+\frac{1}{n+1}\right)^n = \lim_{n\to\infty}\left(1+\frac{1}{n}\right)^{n+1} = e$ と定理 2.3.3 より，$\displaystyle\lim_{x\to\infty}\left(1+\frac{1}{x}\right)^x = e$ を得る． ■

2.4 関数の連続性

$y = f(x)$ が $x = a$ で**連続**であるとは，

$$\lim_{x\to a} f(x) = f(a)$$

が成り立つときをいう[4]．集合 A 上の関数 $f(x)$ が A の各点で連続であるとき，$y = f(x)$ は A 上の**連続関数**であるという．ただし，この定義において，$A = [a, b]$ のときは，区間の端点 $x = a, x = b$ で，それぞれ $\displaystyle\lim_{x\to a+0} f(x) = f(a)$，$\displaystyle\lim_{x\to b-0} f(x) = f(b)$ が成り立っているとする．

4) つまり，関数 $f(x)$ は $x = a$ における極限値が存在するだけでなく，$x = a$ でも定義されており，その定義された値 $f(a)$ とその極限値が一致することを意味している．

○例 **2.4.1** $a, c \in \boldsymbol{R}$ に対して，$\lim_{x \to a} c = c$, $\lim_{x \to a} x = a$ であるので，定数関数 $f(x) = c$ および $f(x) = x$ は連続関数である．

定理 2.4.1 連続関数について次が成り立つ．

(1) $f(x), g(x)$ は $x = a$ で連続とする．このとき, $cf(x)\,(c \in \boldsymbol{R}), f(x) \pm g(x)$, $f(x)g(x)$ はまた $x = a$ で連続である．

(2) $f(x), g(x)$ が $x = a$ で連続であるとし，$g(a) \neq 0$ であるとする．このとき，$\dfrac{f(x)}{g(x)}$ は $x = a$ で連続である．

(3) $f : A \to B$ は $x = a$ で連続，$g : B \to C$ は $b = f(a)$ で連続とする．このとき，合成関数 $g \circ f : A \to C$ は $x = a$ で連続である．

[証明] (1) および (2) 定理 2.3.1 より，関数の定数倍，和，差，積，商の極限がそれぞれの関数の極限の定数倍，和，差，積，商になることから明らかである．

(3) $\lim_{x \to a}(g \circ f)(x) = \lim_{x \to a} g(f(x))$ で，$f(x)$ は $x = a$ で連続であるから，x が a に近づくとき $f(x)$ は $f(a)$ に近づき，さらに $g(y)$ が $b = f(a)$ で連続であるから，y が $b = f(a)$ に近づくとき $g(y)$ は $g(f(a))$ に近づく．結局，x が a に近づくとき $(g \circ f)(x)$ は $(g \circ f)(a) = g(f(a))$ に近づくので，$\lim_{x \to a}(g \circ f)(x) = (g \circ f)(a)$ となり，$(g \circ f)(x)$ は $x = a$ で連続関数である．

■

実数係数の多項式関数は定数関数と x の和や定数倍，積を何回か繰り返して得られる関数であるので，定理 2.4.1(1) より連続関数である．有理関数は連続関数である多項式の商であり，分母の多項式が 0 にならない点の集合上で定義されているので，定理 2.4.1(2) より連続関数である．三角関数，指数関数は連続関数であることが知られている．よって，その逆関数である逆三角関数，対数関数も，後述の補題 2.4.3 より連続関数である．以上のことと定理 2.4.1(1)〜(3) より初等関数はすべてその定義域上で連続関数である．

たとえば，$z = \sin(2x + 1)$ は 2 つの連続関数 $z = \sin y$ と $y = 2x + 1$ の合成関数であるので，連続関数である．また $\log(x^2 + 1)$ や e^{e^x} なども同様に連続関数である．

○例 **2.4.2** (1) $y = \sqrt{x}$ は連続関数であるので，任意の $a \in \boldsymbol{R}_{\geqq 0}$ に対して，$\lim_{x \to a} \sqrt{x} = \sqrt{a}$.

(2) $z = \log y$, $y = x^2 + x + 1$ は連続関数であるので，その合成関数 $z = \log(x^2 + x + 1)$ も連続関数である．よって，$\lim_{x \to 1} \log(x^2 + x + 1) = \log\left(\lim_{x \to 1}(x^2 + x + 1)\right) = \log 3$.

(3) $z = \sin y$ は連続関数であるので，$\lim_{x \to 1} \sin(x+1) = \sin\left(\lim_{x \to 1}(x + 1)\right) = \sin 2$ である．

例題 2.4.1 次の関数は連続関数であるか調べよ．

(1) $f(x) = \begin{cases} \dfrac{x^2 - 1}{x - 1} & (x \neq 1) \\ 0 & (x = 1) \end{cases}$ (2) $f(x) = \begin{cases} x \sin \dfrac{1}{x} & (x \neq 0) \\ 0 & (x = 0) \end{cases}$

［解答］ (1) $f(x)$ は $x \neq 1$ では連続であることは明らか．$x \neq 1$ のとき，$\dfrac{x^2 - 1}{x - 1} = x + 1$ であるから，$\lim_{x \to 1} \dfrac{x^2 - 1}{x - 1} = \lim_{x \to 1}(x + 1) = 2$. よって，$\lim_{x \to 1} f(x) = 2 \neq f(1)$ となり，$f(x)$ は $x = 1$ では連続でない．

(2) $f(x)$ は $x \neq 0$ では連続であることは明らか．$x = 0$ のとき，例題 2.3.4 より $\lim_{x \to 0} x \sin \dfrac{1}{x} = 0$ であるので，$\lim_{x \to 0} f(x) = 0 = f(0)$ となり，$f(x)$ は $x = 0$ でも連続である． ■

定理 2.4.2 (中間値の定理) $y = f(x)$ を閉区間 $[a, b]$ 上の連続関数とする．このとき，$f(a)$, $f(b)$ の間の任意の値 c に対して，ある点 $x_0 \in [a, b]$ が存在し，$c = f(x_0)$ となる．

証明は省略する．

例題 2.4.2 関数 $f(x) = e^x + x$ に対して，方程式 $f(x) = 0$ は区間 $[-1, 0]$ 上に解をもつことを示せ．

［解答］ $f(x) = e^x + x$ は区間 $[-1, 0]$ 上の連続関数である．$f(-1) = e^{-1} - 1 = \dfrac{1}{2.718\ldots} - 1 < 0$, $f(0) = 1 > 0$. よって，定理 2.4.2 によって，$e^{x_0} + x_0 = 0$ なる $x_0 \in [-1, 0]$ が存在する． ■

次に述べる補題は，1 変数の実数値連続関数のもつ特殊な性質である．逆関数の導関数についての公式の導出に用いられる．

補題 2.4.3 ある閉区間 $[R,S]\subset \boldsymbol{R}$ $(R<S)$ で定義された関数 $f(x)$ はその値域において逆関数をもつとする．もし $f(x)$ が連続ならば，その逆関数 $f^{-1}(x)$ も連続である．

[証明] $f(R)<f(S)$ として一般性は失われない．任意の $r,s\in[R,S]$ $(r<s)$ に対して，$f(r)<f(s)$ が成り立つことを示す．

ある $r,s\in[R,S]$ $(r<s)$ について，$f(r)\geqq f(s)$ であると仮定する．

i) $f(R)\geqq f(r)$ のとき，閉区間 $[R,s]$ と閉区間 $[s,S]$ とに定理 2.4.2 を適用すると，逆関数が存在することに矛盾する．

ii) $f(R)<f(r)$ のとき，閉区間 $[R,r]$ と，閉区間 $[r,s]$ とに定理 2.4.2 を適用することで，同様に逆関数が存在することに矛盾する．

よって，任意の開区間 $(r,s)\subset[R,S]$ に対して，f による像は開区間 $(f(r),f(s))$ であり，その逆像について $(r,s)=f^{-1}((f(r),f(s)))$ (開区間) が成り立つ．特に (r,s) として，ある固定した点 a を含む十分小さな開区間 $(r,s)\ni a$ をとると，$f(a)$ $(=b$ とおく$)$ を含む小さな開区間 $(f(r),f(s))\ni b$ が対応し，区間の幅を限りなく 0 に近づけることで，$\lim_{y\to b}f^{-1}(y)=f^{-1}(b)$ が得られる．つまり逆関数は $y=b$ で連続であることがわかる． ■

A 上の関数 $y=f(x)$ に対して，y のとりうる値の集合 $\{f(a)\mid a\in A\}$ の中の最大 (最小) の値が存在すれば，その値を関数 $y=f(x)$ の A 上の**最大値** **(最小値)** という．

定理 2.4.4 (最大値・最小値の存在定理) $y=f(x)$ を閉区間 $[a,b]$ 上の連続関数とする．このとき，$y=f(x)$ は $[a,b]$ 上で最大値と最小値をもつ．

証明は省略する．

演習問題

2.4.1 次の極限値を求めよ．存在しないときはそのように述べよ．

(1) $\lim_{x\to 2}(x^3-x^2+2x-5)$ (2) $\lim_{x\to -\infty}(x^3-x^2+2x-5)$

(3) $\lim_{x\to 1}\dfrac{x^3-2x^2-2x+4}{x^2-x-2}$ (4) $\lim_{x\to 2}\dfrac{x^3-2x^2-2x+4}{x^2-x-2}$

(5) $\lim_{x\to \infty}\dfrac{x^2-x+4}{x^3+x^2-4x+3}$ (6) $\lim_{x\to -\infty}\dfrac{4x^3-2x^2+x-5}{3x^3+x^2-4x+3}$

(7) $\lim_{x\to \infty}\dfrac{-4x^3-3x^2+5x-1}{x^2+x+5}$ (8) $\lim_{x\to -\infty}\dfrac{4x^3-3x^2+5x-1}{x^2+x+5}$

(9) $\lim_{x\to 2}\dfrac{\sqrt{x+2}-2}{x-2}$ (10) $\lim_{x\to\infty}\sqrt{x}(\sqrt{x+1}-\sqrt{x})$

(11) $\lim_{x\to\infty}(\sqrt{x^2+x+1}-x)$ (12) $\lim_{x\to 0}\sin\dfrac{1}{x}$

2.4.2 次の関数の括弧内における右極限，左極限を求めよ．ここで $[x]$ は x を超えない最大の整数を表すとする．

(1) $\dfrac{|x^3-1|}{x-1}$ $(x=1)$ (2) $\dfrac{1}{|x-1|}$ $(x=1)$ (3) $\dfrac{x}{x^2-1}(x=-1)$

(4) $\dfrac{1}{\sin x}$ $(x=0)$ (5) $[x]$ $(x=1)$ (6) $[x]+[1-x]$ $(x=0)$

2.4.3 次の極限値を計算せよ．

(1) $\lim_{x\to 0}x^2\sin\dfrac{1}{x}$ (2) $\lim_{x\to\infty}\dfrac{\sin x}{x^2}$ (3) $\lim_{x\to\infty}\dfrac{\cos x}{x^2+1}$

2.4.4 次の関数は連続であるか調べよ．

(1) $f(x)=\begin{cases}\dfrac{x}{|x|} & (x\neq 0)\\ 1 & (x=0)\end{cases}$ (2) $f(x)=\begin{cases}\dfrac{x^3+x^2}{|x|} & (x\neq 0)\\ 0 & (x=0)\end{cases}$

(3) $f(x)=\begin{cases}x\cos\dfrac{1}{x^2} & (x\neq 0)\\ 1 & (x=0)\end{cases}$

2.4.5 次の方程式が与えられた区間に解をもつことを示せ．

(1) $2^x-4x-3=0,\quad I=[4,5]$ (2) $\cos x=x\sin x,\quad I=\left[\pi,\dfrac{3\pi}{2}\right]$

3
1 変数関数の微分

生き物にとって，地球は平らなものである．それはまた人間にとっても然りである．今日では幼い子供でも，地球が球形であることは知っている．その反面「地平線」「水平線」という言葉は日常的に用いられるが，「地曲線／地平曲線」「水曲線／水平曲線」という言葉には出会わない．この生き物の視点に戻って物を見ようというのが解析学で扱う「微分」の一つの解釈である．1 変数関数を与えると，グラフとして曲線を得るが，不幸にも曲線はまっすぐとは限らない．世の中にはさまざまな曲線が存在するが，その上に乗っかって，小動物の視点から世界を眺めてみよう．

3.1 微分係数と導関数

実数からなる集合 $\boldsymbol{R}$ を定義域とする関数 $f(x)$ を考える．ある要素 $a \in \boldsymbol{R}$ に対し，下記の極限が存在するならば関数 $f(x)$ は $x = a$ で**微分可能**であるといい，その極限値を $f(x)$ の $x = a$ における**微分係数**という．

$$\lim_{x \to a} \frac{f(x) - f(a)}{x - a}$$

この極限値は記号で $f'(a)$ と表される．もし，任意の $a \in \boldsymbol{R}$ に対して $f'(a)$ が定まるとき，$f'(a)$ を a を変数とした関数とみなすことができる．これを改めて $f'(x)$ と書き，関数 $f(x)$ の**導関数**とよぶ．

●注意　微分係数を表す記号は，$f'(a)$ 以外にも，たとえば $\dfrac{df}{dx}(a)$ や $\left.\dfrac{df}{dx}\right|_{x=a}$ などが用いられる．

次の事実はすでに高校で学んでいるが，その証明も確認されたい．

命題 3.1.1　関数 $f(x)$ がもし微分可能であれば，連続である.

［証明］　実数の定数 a に対して，関数 $f(x)$ は $x = a$ で微分可能，すなわち $f'(a)$ が存在する．このとき以下の等式

$$\lim_{x \to a} (f(x) - f(a)) = \lim_{x \to a} \frac{f(x) - f(a)}{x - a}(x - a) = f'(a) \cdot 0 = 0$$

が成り立ち，$\lim_{x \to a} f(x) = f(a)$ を得る．したがって，$f(x)$ は $x = a$ において連続．定数 a は任意であったので，$f(x)$ は連続関数である. ■

例題 3.1.1 (単項式の微分係数)　関数 $f(x)$ が変数 x の単項式 $f(x) = x^n$ ($n \geqq 0$, 整数) で与えられているとする．ある点 $x = a$ における微分係数 $f'(a)$ を求めよ．また，$f(x)$ の導関数 $f'(x)$ を求めよ.

［解答］　微分係数の定義にあてはめると

$$\lim_{x \to a} \frac{f(x) - f(a)}{x - a} = \lim_{x \to a} \frac{x^n - a^n}{x - a}.$$

分子を $x^n - a^n = (x - a)(x^{n-1} + ax^{n-2} + \cdots + a^{n-2}x + a^{n-1})$ と因数分解できることに注意すると，この極限は

$$\lim_{x \to a}(x^{n-1} + ax^{n-2} + \cdots + a^{n-2}x + a^{n-1}) = \underbrace{a^{n-1} + a^{n-1} + \cdots + a^{n-1}}_{n\text{ 個}}$$

に等しいことがわかる．すなわち，任意の実数 $a \in \boldsymbol{R}$ に対して $x = a$ での微分係数 $f'(a) = na^{n-1}$ が定まる．この対応を a を変数とした関数とみなすことにより，導関数についての等式 $(x^n)' = nx^{n-1}$ を得る. ■

定理 3.1.2　以下の極限についての等式が成り立つ.

$$\lim_{x \to 0} \frac{e^x - 1}{x} = 1, \qquad \lim_{x \to 0} \frac{\sin x}{x} = 1.$$

○例 **3.1.1**　定理 3.1.2 より次の等式が従う.

$$\lim_{h \to 0} \frac{e^{x+h} - e^x}{h} = e^x, \qquad \lim_{h \to 0} \frac{\sin(x + h) - \sin x}{h} = \cos x.$$

例題 3.1.2 (微分可能性)　関数 $f(x) = x^x$ ($x > 0$) は微分可能であることを示せ.

［解答］ 実数の定数 $a>0$ に対し，微分係数の定義に従い次の極限が存在することを示す．

$$\lim_{x\to a}\frac{f(x)-f(a)}{x-a}=\lim_{x\to a}\frac{x^x-a^a}{x-a}.$$

a^a を $\left(e^{\log a}\right)^a=e^{a\log a}$ と変形できることに注意すると，この極限は

$$\lim_{x\to a}\frac{e^{x\log x}-e^{a\log a}}{x-a}=\lim_{x\to a}\frac{e^{x\log x}-e^{a\log a}}{x\log x-a\log a}\cdot\frac{x\log x-a\log a}{x-a}.$$

第2項目の前半部分について，$e^{a\log a}$ をくくり出し，後半部分の分子について

$$x\log x-a\log a=x\log x-a\log x+a\log x-a\log a$$

と変形することで，次式を得る．

$$\lim_{x\to a}e^{a\log a}\cdot\frac{e^{x\log x-a\log a}-1}{x\log x-a\log a}\cdot\left(\log x+a\frac{\log x-\log a}{x-a}\right).$$

すなわち，極限値が $e^{a\log a}\cdot 1\cdot\left(\log a+a\cdot\dfrac{1}{a}\right)$ と定まり，微分可能である．導関数を求めるには，$f'(a)=e^{a\log a}(1+\log a)$ の定数 a を，変数 x に取り替えるとよい． ■

●**注意** 関数 x^x は次節で述べる公式を用いた導関数の計算法 (対数微分法) の例によく取り上げられるが，微分可能性についての議論が必要である．

関数を微分するという操作は，線形性を保つという重要な性質がある．

命題 3.1.3 $f(x)$, $g(x)$ を微分可能な関数とする．任意の $a,b\in\boldsymbol{R}$ に対して，$af(x)+bg(x)$ も微分可能であり，

$$(af(x)+bg(x))'=af'(x)+bg'(x)$$

が成り立つ．

［証明］ 微分係数の定義に現れる極限に対し，定理 1.2.1，定理 2.3.1 を適用するとよい． ■

演 習 問 題

3.1.1 次の極限値を求めよ．

$$\lim_{x\to 0}\frac{x^3-x}{e^{3x}-e^x}$$

3.1.2 (1) 三角関数の加法定理を証明せよ．

$$\sin(a+b) = \sin a \cos b + \cos a \sin b,$$
$$\cos(a+b) = \cos a \cos b - \sin a \sin b.$$

(2) 加法定理を用いて，以下の式を計算せよ．

$$\sin\left(x + \frac{\pi}{2}\right) - \cos x, \qquad \cos\left(x + \frac{\pi}{2}\right) + \sin x.$$

3.1.3 以下の等式が成り立つことを証明せよ．

(1) $(\log x)' = \dfrac{1}{x}$　　(2) $(\cos x)' = -\sin x$　　(3) $(\tan x)' = \dfrac{1}{\cos^2 x}$

3.1.4 (1) 整数 n, p $(1 \leqq p \leqq n)$ に対して，次の等式が成り立つことを証明せよ．

$$\binom{n}{p} = \binom{n-1}{p} + \binom{n-1}{p-1}.$$

(2) 次の等式 (2 項定理) が成り立つことを証明せよ．

$$(a+b)^n = a^n + \binom{n}{1}a^{n-1}b + \binom{n}{2}a^{n-2}b^2 + \cdots + \binom{n}{n-1}ab^{n-1} + b^n.$$

3.2 微分法の公式

与えられた関数の導関数を求めることは，原理的には上に述べた極限を求めることで達成される．しかし実用上は，これから述べる公式を用いると便利である．

命題 3.2.1　$f(x)$, $g(x)$ を微分可能な関数とする．このとき，積 $f(x)g(x)$，商 $\dfrac{f(x)}{g(x)}$ (ただし $g(x) \neq 0$ の場合に限る)，合成関数 $g(f(x))$ も微分可能であり，導関数に関する等式

$$(f(x)g(x))' = f'(x)g(x) + f(x)g'(x) \qquad \text{(積の導関数)},$$
$$\left(\frac{f(x)}{g(x)}\right)' = \frac{f'(x)g(x) - f(x)g'(x)}{g(x)^2} \qquad \text{(商の導関数)},$$
$$(g(f(x)))' = g'(f(x)) \cdot f'(x) \qquad \text{(合成関数の微分法)}$$

が成り立つ．

これらの公式を組み合わせることにより，議論の大幅な簡略化が可能となる．その一例として，対数微分法とよばれる計算法を紹介する．

例題 3.2.1 (対数微分法を用いた計算例 1)　有理式で与えられる関数

$$f(x) = \frac{(x-1)^4(x-3)^9}{(x-4)^3(x-7)^2}$$

の導関数を計算せよ．

[解答]　両辺の絶対値およびその対数をとると，

$$\log|f(x)| = 4\log|x-1| + 9\log|x-3| - 3\log|x-4| - 2\log|x-7|.$$

両辺を x について微分し，

$$\frac{f'(x)}{f(x)} = \frac{4}{x-1} + \frac{9}{x-3} - \frac{3}{x-4} - \frac{2}{x-7},$$

よって

$$f'(x) = \frac{(x-1)^4(x-3)^9}{(x-4)^3(x-7)^2}\left(\frac{4}{x-1} + \frac{9}{x-3} - \frac{3}{x-4} - \frac{2}{x-7}\right).$$

$f(x)$ は有理式なので，定義されない点 $x = 4, 7$ および $f(x) = 0$ となる点 $x = 1, 3$ を除き，上の計算は有効である．実際は，$f'(x)$ は $x = 1, 3$ でも意味をもつ．(商の導関数を参照)　■

例題 3.2.2 (対数微分法を用いた計算例 2)　先に取り上げた関数 $f(x) = x^x$ $(x > 0)$ の導関数を対数微分法を用いて計算せよ．

[解答]　$f(x) = e^{x\log x}$ より，微分可能な関数の積および合成で書けるので $f(x)$ は微分可能である．両辺 > 0 なので対数をとって，$\log f(x) = x\log x$．両辺微分して，$\dfrac{f'(x)}{f(x)} = (\log x) + 1$．すなわち $f'(x) = (1 + \log x)x^x$ を得る．　■

命題 3.2.2 (逆関数の微分係数)　関数 $f(x)$ はある点 $x = a$ の近く (近傍) で逆関数 $f^{-1}(x)$ をもち，微分可能であり，$f'(a) \neq 0$ を満たすとする．このとき，逆関数も微分可能で，微分係数に関する等式

$$\frac{df^{-1}}{dx}(b) = \frac{1}{f'(a)}$$

が成り立つ．ただし，$b = f(a)$ とおいた．

[証明]　関数 $f(x)$ は $x=a$ の近く(近傍)で逆関数をもつ．すなわち $x=a$ の近くで $f^{-1}(f(x))=x$，かつ $y=b$ の近くで $f(f^{-1}(y))=y$ が成り立つ．$f(x)$ は微分可能，特に連続であることより $\lim_{x\to a} f(x)=b$ が成り立ち，また補題 2.4.3 を用いると，$\lim_{y\to b} f^{-1}(y)=f^{-1}(b)$ が従うことがわかる．

条件より $f'(a)$，すなわち次の極限値が存在する．

$$f'(a)=\lim_{x\to a}\frac{f(x)-f(a)}{x-a}\neq 0.$$

他方，以下の極限値について $\lim_{y\to b} f^{-1}(y)=f^{-1}(b)$ を用いると

$$\lim_{y\to b}\frac{f^{-1}(y)-f^{-1}(b)}{y-b}=\lim_{y\to b}\frac{1}{\dfrac{f(f^{-1}(y))-f(f^{-1}(b))}{f^{-1}(y)-f^{-1}(b)}}=\frac{1}{f'(a)}.$$

すなわち，$\dfrac{df^{-1}}{dx}(b)=\dfrac{1}{f'(a)}$ を得る．■

例題 3.2.3 (逆正弦関数の導関数)　逆三角関数 $\sin^{-1}x$ の導関数が $\dfrac{1}{\sqrt{1-x^2}}$ $(-1<x<1)$ で与えられることを示せ．

[解答]　ある点 $x=b$ $(-1<b<1)$ において，$\sin^{-1}x$ の微分係数を求める．$a=\sin^{-1}b$ とおく (すなわち $-\dfrac{\pi}{2}<a<\dfrac{\pi}{2}$ かつ $\sin a=b$ である)．逆関数の微分係数について

$$\left(\sin^{-1}x\right)'\Big|_{x=b}=\frac{1}{(\sin x)'|_{x=a}}=\frac{1}{\cos a}.$$

ここで，$\cos a=\pm\sqrt{1-\sin^2 a}$ であるが，a の範囲を考慮すると $\cos a>0$ がわかり，等式

$$\left(\sin^{-1}x\right)'\Big|_{x=b}=\frac{1}{\sqrt{1-\sin^2 a}}=\frac{1}{\sqrt{1-b^2}}$$

が従う．ここで b を変数とみなし，記号を x に置き換えることで，求めるべき等式を得る．■

○例 **3.2.1** 次の等式が成り立つ.

$$\left(\tan^{-1}x\right)' = \frac{1}{1+x^2} \qquad (-\infty < x < \infty),$$

$$\left(\cos^{-1}x\right)' = \frac{-1}{\sqrt{1-x^2}} \quad (-1 < x < 1).$$

例題 3.2.4 関数 $f(x) = \sin^{-1}\dfrac{x}{2}$, $g(x) = \tan^{-1}(x+1)$ のグラフの概形を描け. また, 導関数 $f'(x)$, $g'(x)$ を計算し, その定義域をそれぞれ求めよ.

[解答] 前者は $y = \sin^{-1}x$ のグラフを x 軸方向に 2 倍に拡大したもの, 後者は $y = \tan^{-1}x$ のグラフを x 軸の正の方向に -1 だけ平行移動したものである.

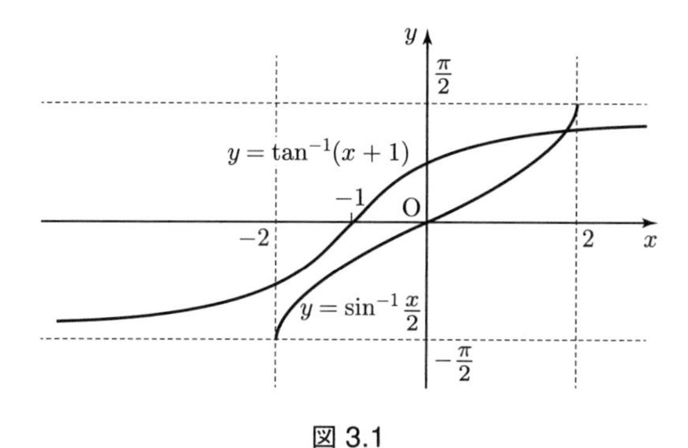

図 3.1

導関数については, $\left(\sin^{-1}x\right)' = \dfrac{1}{\sqrt{1-x^2}}$ および $\left(\tan^{-1}x\right)' = \dfrac{1}{1+x^2}$ が成り立つことを認めると, 合成関数の微分法を適用し,

$$\left(\sin^{-1}\frac{x}{2}\right)' = \frac{1}{\sqrt{1-\left(\dfrac{x}{2}\right)^2}}\cdot\frac{1}{2}, \qquad \left(\tan^{-1}(x+1)\right)' = \frac{1}{1+(x+1)^2}$$

を得る. 関数 $f(x)$ の定義域は $-1 \leqq \dfrac{x}{2} \leqq 1$, すなわち $-2 \leqq x \leqq 2$ である. $g(x)$ の定義域は $\boldsymbol{R}$ である. 導関数の定義域については区間の両端を除いて, 前者 $f'(x)$ については $\{x \in \boldsymbol{R} \mid -2 < x < 2\}$, 後者 $g'(x)$ については $\boldsymbol{R}$ を得る. ■

命題 3.2.3 (媒介変数により定まる関数の微分法) 媒介変数 (パラメータ) t をもつ微分可能な関数 $x(t)$, $y(t)$ を考える．もしある定数 a において $\dfrac{dx}{dt}(a) \neq 0$ が満たされるならば，ある点 $x = x(a)$ の近く (近傍) において，$y(t)$ は x の関数とみなされる．さらにこの関数は $x = x(a)$ において微分可能であり，以下の等式が成立する．

$$\left.\frac{dy}{dx}\right|_{x=x(a)} = \frac{\dfrac{dy}{dt}(a)}{\dfrac{dx}{dt}(a)}.$$

証明は省略する．

演 習 問 題

3.2.1 以下の導関数およびその定義域を答えよ．

$$\frac{d}{dx}\cos^{-1} x.$$

3.2.2 媒介変数 $t \in \boldsymbol{R}$ を用いて定まる曲線 $x(t) = t^3 - 3t$, $y(t) = -3t^2 + 1$ を考える．

(1) t の関数 $x(t)$ の増減を調べ，グラフの概形を tx 平面に描け．

(2) t の関数 $\dfrac{dy}{dx}$ を計算せよ．$\dfrac{dy}{dx} = 0$ を満たす t の値，および $\dfrac{dy}{dx} > 0$ を満たす t の範囲を求めよ．

(3) 極限 $\displaystyle\lim_{t\to+\infty} \frac{dy}{dx}$, $\displaystyle\lim_{t\to-\infty} \frac{dy}{dx}$ を求めよ．

(4) ベクトル $\left(\dfrac{dx}{dt}, \dfrac{dy}{dt}\right)$ の大きさは 3 以上であることを示せ．

(5) 曲線 $(x(t), y(t))$ の概形を xy 平面に描け．

3.2.3 積，商の導関数，合成関数の導関数の公式 (命題 3.2.1 参照) を導出せよ．

3.2.4 $\boldsymbol{R}$ において，次の等式が成り立つことを示せ．

$$\frac{d}{dx}\tan^{-1} x = \frac{1}{1+x^2}.$$

3.3 高階導関数

関数 $f(x)$ が任意の実数 $x \in \boldsymbol{R}$ で微分可能であるという状況を考えよう．このとき導関数 $f'(x)$ が定まるが，もしさらに $f'(x)$ が任意の点 $x \in \boldsymbol{R}$ で微分可能であるならば，その導関数として $f(x)$ の 2 階導関数 $(f'(x))'$ が定まる．**2 階導関数**は通常，記号 $f''(x)$ あるいは $f^{(2)}(x)$, $\dfrac{d^2 f}{dx^2}(x)$ などで表される．もし $\boldsymbol{n}$ **階導関数** $f^{(n)}(x)$ が任意の点 $x \in \boldsymbol{R}$ で微分可能であるとき，この操作を繰り返すことで $(n+1)$ 階導関数 $f^{(n+1)}(x)$ が得られ，定義より以下の関係式が従う．

$$\frac{d}{dx} f^{(n)}(x) = f^{(n+1)}(x).$$

もし関数 $f(x)$ が r 階導関数 $f^{(r)}(x)$ をもち，かつ $f^{(r)}(x)$ が連続であるとき，$f(x)$ は C^r **級関数**であるという．もし関数 $f(x)$ が任意の整数 $r \geqq 0$ に対し C^r 級であるとき，$f(x)$ は特に C^∞ **級**であるという．

ここで基本的な関数の導関数についてまとめておこう．

命題 3.3.1 次の等式が成り立つ．(a は実数の定数)

(1) $(x^a)' = ax^{a-1}$ (2) $(\log|x|)' = \dfrac{1}{x}$

(3) $(e^x)' = e^x$ (4) $(\sin x)' = \cos x$

(5) $(\cos x)' = -\sin x$ (6) $(\tan x)' = \dfrac{1}{\cos^2 x}$

(7) $\left(\sin^{-1} x\right)' = \dfrac{1}{\sqrt{1-x^2}}$ (8) $\left(\tan^{-1} x\right)' = \dfrac{1}{1+x^2}$

例題 3.3.1 次式で与えられる関数 $f(x)$ について，以下の問いに答えよ．

$$f(x) = \begin{cases} x^2 \cos \dfrac{1}{x} & (x \neq 0) \\ 0 & (x = 0). \end{cases}$$

(1) $f(x)$ の $x=0$ での微分係数 $f'(0)$ を求めよ．

(2) 導関数 $f'(x)$ を求めよ．

(3) $f'(x)$ は $x=0$ で連続であるかどうかを調べよ．

[解答] (1) 微分係数の定義にあてはめ，

$$\lim_{x \to 0} \frac{f(x) - f(0)}{x} = \lim_{x \to 0} x \cos \frac{1}{x}.$$

ここで，$\left| \cos \dfrac{1}{x} \right| \leqq 1$ であることを用いると，

$$0 \leqq \lim_{x\to 0}\left|x\cos\frac{1}{x}\right| \leqq \lim_{x\to 0}|x| = 0.$$

はさみうちの原理より極限値は 0，すなわち $f'(0)=0$ が従う．

(2) $x \neq 0$ のとき，$f(x)=x^2\cos\dfrac{1}{x}$ である．公式を利用して導関数を求めると，$f'(x)=2x\cos\dfrac{1}{x}+\sin\dfrac{1}{x}$ $(x\neq 0)$ を得る．以上まとめて，

$$f'(x)=\begin{cases} 2x\cos\dfrac{1}{x}+\sin\dfrac{1}{x} & (x\neq 0) \\ 0 & (x=0). \end{cases}$$

(3) $f'(x)$ の極限を考える．$\displaystyle\lim_{x\to 0}f'(x)=\lim_{x\to 0}\left(2x\cos\frac{1}{x}+\sin\frac{1}{x}\right)$．最初の項は (1) と同様な考察から 0 に収束することがわかるが，2 番目の項は発散 (振動) する．よって等式 $\displaystyle\lim_{x\to 0}f'(x)=f'(0)$ が成り立たないので，$f'(x)$ は $x=0$ で連続ではない． ■

○例 **3.3.1**　関数 $f(x)$ が C^1 級であるという条件は，$f(x)$ が微分可能であるということよりさらに強い条件である．実際，先にあげた例 $f(x)$ は微分可能であるが C^1 級ではない．

例題 3.3.2　実数の定数 μ に対し，関数 $f(x)=(1+x)^\mu$ の n 階導関数 $f^{(n)}(x)$ を求めよ．

[解答]　$f'(x)=\mu(1+x)^{\mu-1}$, $f''(x)=\mu(\mu-1)(1+x)^{\mu-2}$,
$f'''(x)=\mu(\mu-1)(\mu-2)(1+x)^{\mu-3}$ であるので，

$$f^{(n)}(x)=\mu(\mu-1)(\mu-2)\cdots(\mu-n+1)(1+x)^{\mu-n}\quad (n\geqq 1)$$

である． ■

●**注意**　上で得られた $f^{(n)}(x)=\mu(\mu-1)(\mu-2)\cdots(\mu-n+1)(1+x)^{\mu-n}$ はこの時点ではあくまで予想であり，厳密には数学的帰納法で証明する必要がある．ここでは省略しているが，必要に応じて証明ができるよう練習をしてほしい．

例題 3.3.3　対数関数 $f(x)=\log(1+x)$ の n 階導関数 $f^{(n)}(x)$ を予想し，数学的帰納法を用いて予想が正しいことを証明せよ．

[解答] $f'(x) = (1+x)^{-1}$, $f''(x) = (-1)(1+x)^{-2}$,
$f'''(x) = (-1)(-2)(1+x)^{-3}$
であるので，$f^{(n)}(x) = (-1)^{n-1}(n-1)!(1+x)^{-n}$ であると予想できる．以下，数学的帰納法を用いてこの予想が正しいことを示す．(i) $n=1$ のとき，明らかに成立する．(ii) $n=k$ のとき，上の予想が正しいと仮定する．(iii) $n=k+1$ のとき，$f^{(k+1)}(x) = (f^{(k)}(x))'$ であるので，(ii) の仮定を用いると $f^{(k+1)}(x) = \left\{(-1)^{k-1}(k-1)!(1+x)^{-k}\right\}'$ が成り立ち，右辺を計算すると $(-k)(-1)^{k-1}(k-1)!(1+x)^{-k-1}$．整理して $f^{(k+1)}(x) = (-1)^k k!(1+x)^{-k-1}$ となり，$n=k+1$ のときも正しいことがわかる．以上より，$f^{(n)}(x) = (-1)^{n-1}(n-1)!(1+x)^{-n}$ $(n \geqq 1)$ であることが証明された． ■

命題 3.3.2 (ライプニッツの公式) 関数 $f(x)$ は C^n 級関数 $g(x)$, $h(x)$ を用いて $f(x) = g(x)h(x)$ と表されるとする．このとき n 階導関数 $f^{(n)}(x)$ に関して，以下の等式が成り立つ．

$$f^{(n)}(x) = \sum_{i=0}^{n} \binom{n}{i} g^{(i)}(x)h^{(n-i)}(x).$$

●**注意** ライプニッツの公式の証明は難しくない．本質的に 2 項定理の証明と同じである．キーポイントとなる等式は $\binom{n}{p} = \binom{n-1}{p} + \binom{n-1}{p-1}$ (n, p は正の整数, $p \leqq n$) であるが，これ自身も容易に得られる．

例題 3.3.4 関数 $f(x) = x^2 \sin x$ の n 階導関数 $f^{(n)}(x)$ を求めよ．

[解答] $g(x) = x^2$, $h(x) = \sin x$ とおく．$h'(x) = \cos x = \sin\left(x + \dfrac{\pi}{2}\right)$, $h''(x) = -\sin x = \sin\left(x + \dfrac{\pi}{2}\cdot 2\right)$, $\ldots$, $h^{(n)}(x) = \sin\left(x + \dfrac{\pi}{2}\cdot n\right)$ である．他方，$g'(x) = 2x$, $g''(x) = 2$, $g'''(x) = 0$ なので，ライプニッツの公式を用いると，以下の等式が得られる．

$$\begin{aligned} f^{(n)}(x) &= g(x)h^{(n)}(x) + \binom{n}{1} g^{(1)}(x)h^{(n-1)}(x) + \binom{n}{2} g^{(2)}(x)h^{(n-2)}(x) + 0 \\ &= x^2 \sin\left(x + \frac{\pi}{2}\cdot n\right) + 2nx \sin\left(x + \frac{\pi}{2}\cdot(n-1)\right) \\ &\qquad + n(n-1)\sin\left(x + \frac{\pi}{2}\cdot(n-2)\right) \quad (n \geqq 0). \end{aligned}$$

■

演習問題

3.3.1 以下の命題の真偽を調べよ．真であれば証明をし，偽であればその理由を述べよ．

(1) n を正の整数として，関数 $f(x)=\log(7x+1)$ の n 階導関数 $f^{(n)}(x)$ に関する次の等式が成り立つ：$f^{(n)}(x)=(-1)^{n-1}(n-1)!\left(x+\dfrac{1}{7}\right)^{-n}$.

(2) n を正の整数として，関数 $f(x)=\log(7x+1)$ の n 階導関数 $f^{(n)}(x)$ に関する次の等式が成り立つ：$f^{(n)}(x)=-(-7)^n(7x+1)^{-n}$.

3.3.2 関数 x^2e^{-x} の n 階導関数を求めよ．

3.3.3 以下の関数 $f(x)$ の n 階導関数 $f^{(n)}(x)$ を求め，$f^{(n)}(0)$ を計算せよ．

(1) $f(x)=\sin(4x)$　(2) $f(x)=(x+1)^{\pi}$

3.3.4 関数 $f(x)=x^2|x|$ について，3 階導関数 $f^{(3)}(x)$ を求めよ．

3.4 平均値の定理

3.4.1 関数の増減と凹凸

関数 $f(x)$ のグラフの様子は増減表をもとに調べられることはすでに高校で学んだ．微分係数 $f'(a)$ は $y=f(x)$ で表される曲線上の点 $(a,f(a))$ における接線の傾きを表しており，$f'(a)$ が正の値をとれば傾きが正である．**接線**は 1 次方程式 $y-f(a)=f'(a)(x-a)$ で表される．

また，ある区間で 2 階導関数 $f''(x)$ が正の値をとるならば，曲線 $y=f(x)$ はその区間で**下に凸であり**，$f''(x)$ が負の値をとるならば，その区間で**上に凸である**．ある値 $x=b$ を境に下に凸から上に凸 (あるいはその逆) へ変化するとき，点 $(b,f(b))$ をその曲線の**変曲点**とよぶのであった．

ここでは，まず関数の極小値，極大値の定義について復習しよう．

関数 $f(x)$ はある部分集合 $D\subset \boldsymbol{R}$ を定義域にもつとし，$a\in D$ を定数とする．

(1) a を含む (小さな) 開区間 $(a-\varepsilon,\ a+\varepsilon)$ $(\varepsilon>0)$ で次を満たすものが存在するとき，関数 $f(x)$ は $x=a$ で**極小値**をとるという．

　任意の $x\in(a-\varepsilon,\ a+\varepsilon)\cap D$ に対して $f(x)\geqq f(a)$ が成り立つ．

(2) a を含む (小さな) 開区間 $(a-\varepsilon,\ a+\varepsilon)$ $(\varepsilon>0)$ で次を満たすものが存在するとき，関数 $f(x)$ は $x=a$ で**極大値**をとるという．

任意の $x \in (a-\varepsilon, a+\varepsilon) \cap D$ に対して $f(x) \leqq f(a)$ が成り立つ.

以下の性質は既知であろうが，ここではその証明について考察する.

命題 3.4.1 関数 $f(x)$ はある定数 a の近く (近傍) において微分可能であるとする．もし $f'(a) > 0$ が満たされるならば，$f(x)$ は $x = a$ で極値をとらない.

［証明］ 関数 $f(x)$ は $x = a$ で極値をとるとすると，ある開区間 $(a-\varepsilon, a+\varepsilon)$ $(\varepsilon > 0)$ で極大値，または極小値の条件を満たすものが存在する．他方，$f(x)$ は微分可能なので，$x = a$ の近くで連続である．微分係数の定義より，

$$\lim_{x \to a} \frac{f(x) - f(a)}{x - a} = f'(a) \ (> 0)$$

が成り立つ．すなわち，a に十分近い x の値において，$\dfrac{f'(a)}{2} < \dfrac{f(x) - f(a)}{x - a}$ が満たされるとしてよい．したがって，もし $x > a$ ならば，両辺に $(x - a)$ をかけて，

$$0 < \frac{f'(a)}{2}(x - a) < f(x) - f(a),$$

$x < a$ ならば，

$$0 > \frac{f'(a)}{2}(x - a) > f(x) - f(a)$$

が成り立つ．しかし，これは $f(x)$ が $x = a$ で極値をとる条件に矛盾する．したがって，$f(x)$ は $x = a$ で極値をとらない. ■

不等号の向きを逆にした命題も本質的に証明は同じである．これらの対偶として，よく知られた命題を得る.

系 3.4.2 関数 $f(x)$ はある定数 a の近く (近傍) において微分可能であるとする．もし $f(x)$ が $x = a$ で極値をとるならば，$f'(a) = 0$ が満たされる.

3.4.2 平均値の定理

微分係数は関数の平均変化率にもとづいているが，性質上極限をとるという操作は避けることができない．これは同時に微分係数のもつ弱点でもある．ここで紹介する平均値の定理はこの弱点を補うものである．微分に関する一歩踏み込んだ議論をする際，平均値の定理は本質的である.

定理 3.4.3 (平均値の定理) 関数 $f(x)$ はある閉区間 $[a,b]$ $(a<b)$ を定義域に含み，この閉区間において連続，かつ開区間 (a,b) において微分可能であるとする．このとき次の等式を満たすある実数 c が開区間 (a,b) の要素として存在する．

$$f(b)-f(a)=f'(c)(b-a).$$

[証明] 条件 $a<b$ より，$f(b)-f(a)=A(b-a)$ を満たすある実数 A がとれる．$F(x)=f(x)-f(a)-A(x-a)$ とおくと，$F(x)$ は閉区間 $[a,b]$ において連続である．定理 2.4.4 を適用すると，$F(x)$ は $[a,b]$ において最大値および最小値をとることがわかる．いま $F(a)=F(b)=0$ を考慮すると，ある実数 $c\in(a,b)$ において，$F(x)$ は極大値または極小値をとるとしてよい．系 3.4.2 により $F'(c)=0$ が従い，$f'(c)-A=0$. 整理すると $f(b)-f(a)=f'(c)(b-a)$ を得る． ■

次にあげる性質は，微分方程式の解を調べるうえでなくてはならないものである．

例題 3.4.1 $f(x)$ を $\boldsymbol{R}$ で定義された微分可能な関数とする．もし導関数 $f'(x)$ が恒等的に 0 であるならば，$f(x)$ は定数関数，すなわち $f(x)=C$ (C はある定数) と書けることを示せ．

[解答] $f(x)$ は定数関数でないと仮定する．すなわち，ある実数 a,b $(a<b)$ が存在し，$f(a)\neq f(b)$ を満たす．このとき，平均値の定理を適用すると $f(b)-f(a)=f'(c)(b-a)$ を満たす $c\in(a,b)$ が存在することがわかる．しかし，$f'(x)$ は恒等的に 0 なので，右辺は 0 となり，条件 $f(a)\neq f(b)$ に矛盾する．以上より，主張を得る． ■

3.4.3 不定形の極限 (ロピタルの定理)

例として，以下で与えられる関数の極限を考える．

$$\lim_{x\to+\infty}\frac{\log x}{x},\quad \lim_{x\to+0}x\log x,\quad \lim_{x\to+0}x^x,\quad \lim_{x\to+\infty}x^{\frac{1}{x}},\quad \lim_{x\to+\infty}\left(1+\frac{2}{x}\right)^x.$$

これらの式はいずれも**不定形**であるが，その形状の違いから，それぞれ $\dfrac{\infty}{\infty}$, $0\times\infty$, 0^0, ∞^0, 1^∞ の形の不定形と分類される．

これら不定形の極限を求める一手法として，ロピタルの定理を紹介する．この定理は時として大変便利なのであるが，使い方を誤らないように注意が必要である．

定理 3.4.4 (ロピタルの定理) 定数 $a \in \boldsymbol{R}$ に対し，$x = a$ の近く (近傍) で定義された微分可能関数 $f(x)$, $g(x)$ は，$\displaystyle\lim_{x \to a} f(x) = \lim_{x \to a} g(x) = 0$，かつ $x \neq a$ のとき $g'(x) \neq 0$ を満たすとする．もし，$\displaystyle\lim_{x \to a} \frac{f'(x)}{g'(x)}$ が存在するならば，極限 $\displaystyle\lim_{x \to a} \frac{f(x)}{g(x)}$ も存在し，等式

$$\lim_{x \to a} \frac{f(x)}{g(x)} = \lim_{x \to a} \frac{f'(x)}{g'(x)}$$

が成り立つ．

●注意 最初の条件 $\displaystyle\lim_{x \to a} f(x) = \lim_{x \to a} g(x) = 0$ は次の条件に置き換えても定理の主張は成り立つ: $\displaystyle\lim_{x \to a} f(x) = \lim_{x \to a} g(x) = \infty$．また，極限 $\displaystyle\lim_{x \to a}$ を一斉に $\displaystyle\lim_{x \to \infty}$ に取り換えた命題も真である．

例題 3.4.2 極限 $\displaystyle\lim_{x \to +\infty} \frac{\log x}{x}$ を調べよ．また，$\displaystyle\lim_{x \to +\infty} x^{\frac{1}{x}}$ はどうか．

［解答］ この式は $\dfrac{\infty}{\infty}$ の形の不定形である．分子，分母をそれぞれの導関数に置き換えると，$\displaystyle\lim_{x \to +\infty} \left(\frac{1}{x}\right)\Big/1 = 0$ であるので，ロピタルの定理を適用すると $\displaystyle\lim_{x \to +\infty} \frac{\log x}{x} = 0$ が従う．後者については $\displaystyle\lim_{x \to +\infty} x^{\frac{1}{x}} = \lim_{x \to +\infty} e^{\log x^{\frac{1}{x}}}$ と変形できるので，最初の結果を用いて，$\displaystyle\lim_{x \to +\infty} x^{\frac{1}{x}} = e^0 = 1$ を得る． ■

例題 3.4.2 の結果について補足する．関数 $\log x$ および x は，変数 x の値が大きくなるにつれて関数の値も次第に大きくなるが，この結果は，$\log x$ の値に比べて，x の値のほうがさらに大きくなることを表しており，$x \to +\infty$ のとき x のほうが $\log x$ に比べて速く $+\infty$ へ発散するという．この性質は，$y = \log x$ と $y = x$ のグラフを比べると顕著に現れる (図 3.2)．

●注意 以下，ロピタルの定理の代表的な誤用例をあげる．どこに問題があるか考えてほしい．

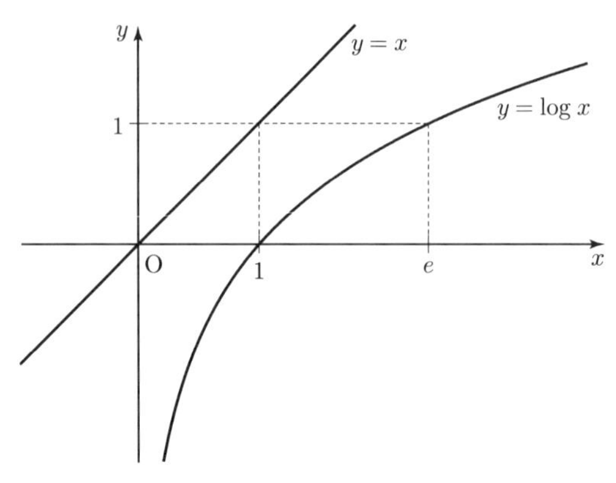

図 3.2

- 誤用例 1. (極端型) 極限 $\lim_{x\to 0}\dfrac{e^{x^2}}{e^x-1}$ を求めたい．分母，分子をそれぞれの導関数に置き替えたものについて，$\lim_{x\to 0}\dfrac{2xe^{x^2}}{e^x}=0$ なので，$\lim_{x\to 0}\dfrac{e^{x^2}}{e^x-1}=0$ である．
- 誤用例 2. (一途型) 極限 $\lim_{x\to 0}\dfrac{2x^3}{3x^3}$ を求めたい．分母，分子をそれぞれの導関数に置き替える操作を 3 回繰り返すと $\lim_{x\to 0}\dfrac{2\cdot 3\cdot 2}{3\cdot 3\cdot 2}=\dfrac{2}{3}$ を得る．ロピタルの定理を 3 回用い，$\lim_{x\to 0}\dfrac{2x^3}{3x^3}=\dfrac{2}{3}$ を得る．
- 誤用例 3. (論理軽視型) 極限 $\lim_{x\to 0}\dfrac{\sin x}{x}$ を求めたい．分母，分子をそれぞれの導関数に置き替えたものについて，$\lim_{x\to 0}\dfrac{\cos x}{1}=\dfrac{1}{1}=1$ なので，$\lim_{x\to 0}\dfrac{\sin x}{x}=1$ が従う．

例題 3.4.3 極限 $\lim_{x\to +0} x\log x$ を調べよ．また，$\lim_{x\to +0} x^x$ はどうか．

[解答] $\lim_{x\to +0} x\log x = \lim_{x\to +0}\dfrac{\log x}{\dfrac{1}{x}}$ と変形する．これは $\dfrac{\infty}{\infty}$ の形の不定形である．分子，分母をそれぞれの導関数に置き替えると，$\lim_{x\to +0}\dfrac{\dfrac{1}{x}}{\dfrac{-1}{x^2}}=\lim_{x\to +0}(-x)=0$ であるので，ロピタルの定理を適用すると $\lim_{x\to +0} x\log x=0$ が従う．後者については，$\lim_{x\to +0} x^x=\lim_{x\to +0} e^{\log x^x}$ と変形し，最初の結果を用いて，$\lim_{x\to +0} e^{x\log x}=e^0=1$ を得る． ■

3.4.4 テイラーの定理・マクローリンの定理

まず，テイラーの定理について述べる．これは，解析学において中心的役割を果たす重要な定理である．

定理 3.4.5 (テイラーの定理) 関数 $f(x)$ は実数 a を要素として含むある開区間 I において $(n+1)$ 階導関数 $f^{(n+1)}(x)$ をもつとする．このとき，任意の $x \in I$ に対して，次の等式を満たすある定数 θ $(0 < \theta < 1)$ が存在する．

$$f(x) = f(a) + \frac{f'(a)}{1!}(x-a) + \frac{f''(a)}{2!}(x-a)^2 + \cdots$$
$$\cdots + \frac{f^{(n)}(a)}{n!}(x-a)^n + \frac{f^{(n+1)}((1-\theta)a + \theta x)}{(n+1)!}(x-a)^{n+1}.$$

●**注意** 最後の項は**剰余項**とよばれる．右辺から剰余項を除いたものは変数 x について高々 n 次の多項式である．以後，この形の展開式を $\boldsymbol{n}$ **次のテイラー展開**とよぶこととする．また x が a に十分近いとき，$|x-a|^{n+1}$ は $|x-a|^n$ に比べてより小さな値である．この性質は，関数 $f(x)$ の近似値を求めることに利用される．

マクローリンの定理は，上で述べたテイラーの定理を $a=0$ に限定したものである．関数 $f(x)$ の x 軸方向の平行移動を考えると，じつはテイラーの定理と同値な主張であることがわかる．

定理 3.4.6 (マクローリンの定理) 関数 $f(x)$ は 原点を含むある開区間 I において $(n+1)$ 階導関数 $f^{(n+1)}(x)$ をもつとする．このとき，任意の $x \in I$ に対して，次の等式を満たすある定数 θ $(0 < \theta < 1)$ が存在する．

$$f(x) = f(0) + \frac{f'(0)}{1!}x + \frac{f''(0)}{2!}x^2 + \cdots + \frac{f^{(n)}(0)}{n!}x^n + \frac{f^{(n+1)}(\theta x)}{(n+1)!}x^{n+1}.$$

[証明] 任意の $b \in I$ $(b \neq 0)$ に対し定理を証明する．条件より，ある実数 A で以下を満たすものがとれる．

$$Ab^{n+1} = f(b) - \sum_{k=0}^{n} \frac{f^{(k)}(0)}{k!} b^k.$$

ここで $G(x) = f(b) - \sum_{k=0}^{n} \frac{f^{(k)}(x)}{k!}(b-x)^k - A(b-x)^{n+1}$ とおく．$G(0) = G(b) = 0$ なので，平均値の定理を用いると $G'(c) = 0$ を満たす $c \in (0,\, b)$ が存在することがわかる．(ここでは $b > 0$ の場合を想定している．もし $b < 0$

ならば，以下開区間を $(b,0)$ に変更するとよい.）$G'(x)$ を計算すると，

$$G'(x) = -\sum_{k=0}^{n} \frac{f^{(k+1)}(x)}{k!}(b-x)^k + \sum_{k=1}^{n} \frac{f^{(k)}(x)}{k!}k(b-x)^{k-1} + A(n+1)(b-x)^n.$$

ここで，条件 $G'(c) = 0$ を整理すると $\left(-\frac{f^{(n+1)}(c)}{n!} + A(n+1)\right)(b-c)^n = 0$. すなわち，$A = \frac{f^{(n+1)}(c)}{(n+1)!}$ および $f(b) = \sum_{k=0}^{n} \frac{f^{(k)}(0)}{k!}b^k + Ab^{n+1}$ を得る．$\theta = \frac{c}{b}$ とおき，さらに b を文字 x におき直すことで主張を得る． ■

例題 3.4.4 指数関数 e^x のマクローリン展開を求めよ.

［解答］ $f(x) = e^x$ とおく．$f'(x) = e^x$ なので，n 階導関数は $f^{(n)}(x) = e^x$ で与えられる．したがって $f^{(n)}(0) = e^0 = 1$. 上の定理を適用すると，マクローリン展開

$$e^x = 1 + \frac{1}{1!}x + \frac{1}{2!}x^2 + \cdots + \frac{1}{n!}x^n + \frac{e^{\theta x}}{(n+1)!}x^{n+1} \quad (0 < \theta < 1)$$

を得る． ■

○**例 3.4.1** 余弦関数 $\cos x$ のマクローリン展開は，

$$\cos x = 1 - \frac{1}{2!}x^2 + \frac{1}{4!}x^4 - \cdots + \frac{(-1)^{m-1}}{(2m-2)!}x^{2m-2} + \frac{(-1)^m \cos\theta x}{(2m)!}x^{2m}$$

$(0 < \theta < 1)$ で与えられる.

例題 3.4.5 対数関数 $\log(1+x)$ のマクローリン展開を求めよ.

［解答］ $f(x) = \log(1+x)$ とおく．$f(x)$ の n 階導関数は $f^{(n)}(x) = (-1)^{n-1}(n-1)!(1+x)^{-n}$ で与えられる（例題 3.3.3 を参照）．したがって $f^{(n)}(0) = (-1)^{n-1}(n-1)!$ より，マクローリン展開の各項は $\frac{f^{(n)}(0)}{n!}x^n = \frac{(-1)^{n-1}}{n}x^n$ と計算され，

$$\log(1+x) = x - \frac{1}{2}x^2 + \frac{1}{3}x^3 - \cdots + \frac{(-1)^{n-1}}{n}x^n + \frac{(-1)^n}{(n+1)(1+\theta x)^{n+1}}x^{n+1}$$

$(0 < \theta < 1)$ を得る． ■

○**例 3.4.2** 実数の定数 μ に対し，関数 $(1+x)^\mu$ のマクローリン展開は

$$(1+x)^\mu = 1+\binom{\mu}{1}x+\binom{\mu}{2}x^2+\cdots+\binom{\mu}{n}x^n+\binom{\mu}{n+1}(1+\theta x)^{\mu-n-1}x^{n+1}$$

$(0<\theta<1)$ で与えられる．記号 $\binom{\mu}{k}$ は $\dfrac{\mu(\mu-1)(\mu-2)\cdots(\mu-k+1)}{k!}$ と定める．

●**注意** ここでの $\binom{\mu}{k}$ は**拡張された 2 項係数**とよばれる．もし μ が $\mu>k$ を満たす正の整数ならば，$\binom{\mu}{k}$ は通常の 2 項係数にほかならない．

演 習 問 題

3.4.1 次の極限値を求めよ．

(1) $\displaystyle\lim_{x\to+\infty}\frac{\log x}{\sqrt[3]{x}}$ (2) $\displaystyle\lim_{x\to+\infty}\frac{e^x}{x^2}$ (3) $\displaystyle\lim_{x\to+0}\frac{e^{-\frac{1}{x}}}{x^2}$ (4) $\displaystyle\lim_{x\to0}\frac{\sin^{-1}x}{x}$

3.4.2 次の極限値を求めよ．

(1) $\displaystyle\lim_{x\to\infty}\frac{(x+4)(x-1)(2x+1)x^3}{(x^2+1)^3}$

(2) $\displaystyle\lim_{x\to0}\frac{\sin x-x+\dfrac{x^3}{6}}{x^4}$ (3) $\displaystyle\lim_{x\to0}\frac{\tan^{-1}(x^2)}{x^2}$

3.4.3 **($\boldsymbol{\pi}$ の近似値)** $\tan^{-1}x$ のマクローリン展開を用いて π の近似値を求める．以下の問いに答えよ．

(1) $\tan^{-1}x$ の 3 次のマクローリン展開が

$$\tan^{-1}x = x-\frac{x^3}{3}+\frac{\left(\theta x-(\theta x)^3\right)x^4}{\left(1+(\theta x)^2\right)^4}\quad(0<\theta<1)$$

で与えられることを示せ．

(2) $\theta_0=\tan^{-1}\dfrac{1}{5}$ とおく．$\tan(4\theta_0)=\dfrac{120}{119}$ が成り立つことを示せ．

(3) $\tan\left(4\theta_0-\dfrac{\pi}{4}\right)=\dfrac{1}{239}$ が成り立つことを示せ．

(4) 等式 $\pi=16\theta_0-4\tan^{-1}\dfrac{1}{239}$ を利用して，π を小数第 2 位まで求めよ．

3.4.4 実数の定数 r は $|r|<1$ を満たすものとし，r に収束する数列 a_n を考える．$b_n=(a_n)^n$ で定まる数列 b_n について，極限 $\displaystyle\lim_{n\to+\infty}b_n$ を調べよ．

3.4.5 (三角関数の一意性)　$\boldsymbol{R}$ を定義域とする微分可能な実数値関数 $f(x)$ について，もし以下の条件が満たされるならば $f(x)$ は 0 (定数関数)，または $\cos x$ のいずれかであることを示せ．

(1)　$f(x)$ は偶関数．

(2)　$f\left(\frac{\pi}{2}\right) = 0$.

(3)　$f(a+b) = f(a)f(b) - f'(a)f'(b)$ および $f'(a+b) = f'(a)f(b) + f(a)f'(b)$ が任意の $a, b \in \boldsymbol{R}$ で成り立つ．

3.4.6 (コーシーの平均値の定理)　$f(x), g(x)$ をある閉区間 $[a, b]$ において連続，開区間 (a, b) において微分可能かつ $g(a) \neq g(b)$ を満たす関数とする．関数

$$F(x) = (g(b) - g(a))f(x) - (f(b) - f(a))g(x)$$

に平均値の定理を適用することで，以下のコーシーの平均値の定理を証明せよ．

「ある実数 $c \in (a, b)$ が存在して，等式

$$\frac{f(b) - f(a)}{g(b) - g(a)} = \frac{f'(c)}{g'(c)} \quad \text{または} \quad f'(c) = g'(c) = 0$$

が成り立つ．」

3.5　べき級数

実数の数列 $a_0, a_1, a_2, \ldots, a_n, a_{n+1}, \ldots$ に対して，形式的な和

$$\sum_{n=0}^{\infty} a_n X^n$$

を X を変数とした**べき級数**または**整級数**という．X に具体的な値 (実数) a を代入したとき，もし級数として収束するならば，このべき級数は $X = a$ において**収束する**といい，その極限値をこのべき級数の**和**とよぶ．もし収束しないならば，このべき級数は $X = a$ において**発散する**という．

○例 **3.5.1**　高校で学んだ無限等比級数 (初項 $a_1 \neq 0$，公比 r)

$$\sum_{n=1}^{\infty} a_1 r^{n-1}$$

は代表的なべき級数の例である．第 N 項までの部分和について $\sum_{n=1}^{N} a_1 r^{n-1} = \frac{a_1(1 - r^N)}{1 - r}$ が成り立つので，この等比級数が収束するための必要十分条件は $|r| < 1$ であることがわかる．

次に述べる命題は，この無限等比級数の収束条件を利用したものである．一般にべき級数が収束半径とよばれる量をもつことの論理的裏づけを与える．

命題 3.5.1 べき級数 $\sum_{n=0}^{\infty} a_n X^n$ がもし，ある実数 $X = C$ で収束するならば，$|c| < |C|$ を満たす任意の実数 c に対して，級数 $\sum_{n=0}^{\infty} a_n c^n$ は絶対収束する．

[証明] 級数 $\sum_{n=0}^{\infty} |a_n c^n|$ について $|a_n c^n| = |a_n C^n| \left|\frac{c}{C}\right|^n$ が成り立ち，$\sum_{n=0}^{\infty} a_n C^n$ が収束することから，$\lim_{n\to\infty} a_n C^n = 0$ が従う (定理 1.3.1)．つまり，十分大きな n に対し，$|a_n C^n| < 1$ が成り立つとしてよい．これは，ある大きな整数 N_0 が存在して，$\sum_{n=N_0}^{\infty} |a_n c^n| \leq \sum_{n=N_0}^{\infty} \left|\frac{c}{C}\right|^n$ を満たすことを意味する．右辺は無限等比級数であり収束する．左辺は正項級数の比較判定法 (定理 1.3.4) より収束する．左辺にさらに有限和を加えた級数 $\sum_{n=0}^{\infty} |a_n c^n|$ も収束する． ■

定理 3.5.2 べき級数 $\sum_{n=0}^{\infty} a_n X^n$ に対して次のいずれかが成り立つ．

(1) ある実数 $R \geqq 0$ が存在し，$|X| < R$ を満たす任意の実数 X についてこのべき級数は絶対収束し，かつ $|X| > R$ を満たす任意の実数 X について発散する．

(2) 任意の実数 X に対して，このべき級数は収束する．

上記の R を，このべき級数の**収束半径**という．(ただし，任意の実数 X に対して収束するときは，$R = +\infty$ と約束する．)

●**注意** べき級数の収束半径 R は負の値にはなりえない．

○**例 3.5.2** 上で考察した無限等比級数 $(a_1 \neq 0)$

$$\sum_{n=1}^{\infty} a_1 X^{n-1}$$

は収束半径 $R = 1$ をもつ．

以下，収束半径を求める実用的な手法を紹介する．これは本質的にダランベールの判定法 (定理 1.3.6) である．

命題 3.5.3　べき級数 $\sum_{n=0}^{\infty} a_n X^n$ を考える．もし，極限 $\lim_{n\to+\infty}\left|\dfrac{a_{n+1}}{a_n}\right|$ が存在する，あるいは $+\infty$ に発散するならば，等式

$$\lim_{n\to+\infty}\left|\frac{a_{n+1}}{a_n}\right| = \frac{1}{R}$$

が成り立つ．(ここでは，もし 左辺 $=0$ ならば収束半径 $R=+\infty$ であり，もし 左辺 $=+\infty$ ならば収束半径 $R=0$ であると約束する．)

○例 **3.5.3**　べき級数 $\sum_{n=0}^{\infty} n!X^n$ は $X=0$ でのみ収束し，それ以外の実数 X では発散する．すなわち，収束半径 $R=0$.

○例 **3.5.4**　べき級数 $\sum_{n=0}^{\infty} \dfrac{1}{n!}X^n$ は収束半径 $R=+\infty$ をもつ．

●**注意**　極限 $\lim_{n\to+\infty}\left|\dfrac{a_{n+1}}{a_n}\right|$ が発散する場合でも，べき級数 $\sum_{n=0}^{\infty} a_n X^n$ は収束半径をもつ．(定理 3.5.2)

定理 3.5.4　べき級数 $\sum_{n=0}^{\infty} a_n X^n$ は収束半径 $R>0$ をもつとする．開区間 $I=(-R,R)\subset \boldsymbol{R}$ において，関数 $f(x)=\sum_{n=0}^{\infty} a_n x^n$ を考える．このとき，$f(x)$ は I において微分可能であり，任意の $x\in I$ において以下の等式が成り立つ．

$$f'(x) = \sum_{n=1}^{\infty} n a_n x^{n-1},$$

$$\int_0^x f(t)\,dt = \sum_{n=0}^{\infty} \frac{a_n}{n+1} x^{n+1}.$$

●**注意**　この定理は，以下の等式が成り立つことを主張しており，それぞれ**項別微分**，**項別積分可能**であるという．有限の和に対してはあたりまえの等式であるが (命題 3.1.3，命題 4.1.2 を参照)，一般に項別微分，項別積分が可能かどうかはとても重要な問題である．

$$\frac{d}{dx}\left(\sum_{n=0}^{\infty} a_n x^n\right) = \sum_{n=0}^{\infty} \frac{d}{dx}(a_n x^n),$$

$$\int_0^x \left(\sum_{n=0}^{\infty} a_n t^n\right) dt = \sum_{n=0}^{\infty} \int_0^x a_n t^n\,dt.$$

以下，この定理の応用として円周率 π および余弦関数，正弦関数について再考してみよう．

例題 3.5.1 べき級数 $\displaystyle\sum_{m=0}^{\infty}\frac{(-1)^m}{(2m)!}X^{2m}$ は収束半径 $R=+\infty$ をもつことを示せ．さらに，このべき級数は $\boldsymbol{R}$ を定義域とする関数 $f(x)$ を与えるが，$f'(x)$ は奇関数であり，また，等式 $f''(x)=-f(x)$ が任意の実数 x について成り立つことを示せ．

［解答］ c を実数の定数とし，級数 $\displaystyle\sum_{m=0}^{\infty}\left|\frac{(-1)^m}{(2m)!}c^{2m}\right|$ を考える．

$$\lim_{m\to\infty}\frac{\left|\dfrac{(-1)^{m+1}}{(2m+2)!}c^{2m+2}\right|}{\left|\dfrac{(-1)^m}{(2m)!}c^{2m}\right|}=\lim_{m\to\infty}\frac{c^2}{(2m+1)(2m+2)}=0<1$$

であるので，ダランベールの判定法 (定理 1.3.6) を適用すると，この級数は収束する．c は任意なので，定理 3.5.2 よりべき級数は収束半径 $R=+\infty$ をもつ．したがって，$f(x)$ は $\boldsymbol{R}$ で定義された関数であり，変数 x を $-x$ に置き換えても式の形は変わらない：$f(-x)=f(x)$ (偶関数)．

この等式について，定理 3.5.4 より両辺微分可能であり $-f'(-x)=f'(x)$ (奇関数) が従う．また項別微分してよいので，任意の $x\in\boldsymbol{R}$ について $f'(x)=\displaystyle\sum_{m=1}^{\infty}\frac{(-1)^m}{(2m-1)!}x^{2m-1}$ を得る．定理 3.5.2 を再度適用すると，このべき級数の収束半径は $R=+\infty$ がわかり，定理 3.5.4 より $f''(x)=\displaystyle\sum_{m=1}^{\infty}\frac{(-1)^m}{(2m-2)!}x^{2m-2}$ である．また，$m-1$ を m ととり直すことで $f''(x)=\displaystyle\sum_{m=0}^{\infty}\frac{-(-1)^m}{(2m)!}x^{2m}=-f(x)$ を得る． ■

系 3.5.5 べき級数で定義された関数 $f(x)=\displaystyle\sum_{m=0}^{\infty}\frac{(-1)^m}{(2m)!}x^{2m}$ について，$0<c_1<2$ かつ $f(c_1)=0$ を満たす実数 c_1 がただ一つ存在する．

［証明］ 収束半径 $R=+\infty$ なので，関数 $f(x)$ は微分可能，特に連続であった．$f(0)=1$ であり，かつ不等式

$$f(2)=1-\frac{1}{2!}2^2+\frac{1}{4!}2^4-\frac{1}{6!}2^6+\frac{1}{8!}2^8-\frac{1}{10!}2^{10}+\frac{1}{12!}2^{12}-\cdots<0$$

は初等的な方法で証明できる．中間値の定理 (定理 2.4.2) を閉区間 $[0,2]$ に適用すると，$f(c_1)=0$ を満たす定数 $c_1 \in [0,2]$ の存在がわかる．他方，項別微分により

$$f'(x) = -\frac{x}{1!} + \frac{x^3}{3!} - \frac{x^5}{5!} + \frac{x^7}{7!} - \frac{x^9}{9!} + \frac{x^{11}}{11!} - \cdots$$

であった．特に部分和

$$-\frac{x}{1!} + \frac{x^3}{3!} - \frac{x^5}{5!} + \frac{x^7}{7!} - \cdots - \frac{x^{2m-1}}{(2m-1)!} + \frac{x^{2m+1}}{(2m+1)!}$$

について

$$-\frac{x}{1!}\left(1-\frac{x^2}{6}\right) - \frac{x^5}{5!}\left(1-\frac{x^2}{6\cdot 7}\right) - \cdots - \frac{x^{2m-1}}{(2m-1)!}\left(1-\frac{x^2}{(2m)(2m+1)}\right)$$

と変形することで，$0<x<2$ の条件下，この部分和の $m\to\infty$ での極限が負の値であることがわかる．よって $f'(x)<0$ が成り立ち，関数 $f(x)$ は開区間 $(0,2)$ で単調減少する．したがって $f(c_1)=0$ を満たす定数 c_1 $(0<c_1<2)$ はただ一つ存在する．

x	$\cdots$	0	$\cdots$	2	$\cdots$
$f'(x)$		0	$-$		
$f(x)$		1	$\searrow$	$-$	

■

定義　系 3.5.5 で得られた c_1 について，実数 $2c_1$ を π と定める．

定理 3.5.6　(1) $3<\pi<4$ が成り立つ．
(2) π は無理数である．

[証明]　(1) $\pi<4$ はすでに示した．以下 $3<\pi$ を初等的に示す．$b=\dfrac{3}{2}$ とおくと，

$$f(b) = 1 - \frac{b^2}{2!} + \frac{b^4}{4!} - \frac{b^6}{6!} + \cdots + \frac{b^{4k}}{(4k)!} - \frac{b^{4k+2}}{(4k+2)!} - \cdots > 0$$

である．実際，$k \geqq 1$ ならば以下の不等式が明らかに成り立つ．

$$\frac{b^{4k}}{(4k)!} - \frac{b^{4k+2}}{(4k+2)!} = \frac{b^{4k}}{(4k)!}\left(1-\frac{b^2}{(4k+1)(4k+2)}\right) > 0.$$

最初から第4項までの和は計算すると，正の値 $\dfrac{679}{2560}$ である．よって，上記の増減表によると $\dfrac{3}{2} < c_1$ が従い，両辺2倍して $3 < \pi$ を得る．

(2) 省略． ■

命題 3.5.7 系 3.5.5 で考察した関数 $f(x) = \sum_{m=0}^{\infty} \dfrac{(-1)^m}{(2m)!} x^{2m}$ について，次の加法定理が成り立つ．

$$f'(a+b) = f'(a)f(b) + f(a)f'(b),$$
$$f(a+b) = f(a)f(b) - f'(a)f'(b).$$

［証明］ $F(x) = f'(a+b-x)f(x) + f(a+b-x)f'(x)$ とおく．微分すると，

$$\begin{aligned} F'(x) &= -f''(a+b-x)f(x) + f'(a+b-x)f'(x) \\ &\quad - f'(a+b-x)f'(x) + f(a+b-x)f''(x). \end{aligned}$$

関数としての等式 $f''(x) = -f(x)$ が成り立つことに注意して (例題 3.5.1)，$F'(x) = 0$ を得る．つまり，$F(x)$ は定数関数である．特に $x = 0$ および $x = b$ を代入して，第1式 $f'(a+b) = f'(a)f(b) + f(a)f'(b)$ を得る．

第2式については，演習問題とする． ■

次の定理は，第4章の積分を利用して証明される．

定理 3.5.8 正の実数 r に対し，$x^2 + y^2 = r^2$ で定まる $\boldsymbol{R}^2$ 内の曲線の長さは $2\pi r$ である．

さらに $f(x) = \sum_{m=0}^{\infty} \dfrac{(-1)^m}{(2m)!} x^{2m}$, $-f'(x)$ と $\cos x, \sin x$ とがそれぞれ $\boldsymbol{R}$ 上の関数として等しいことを示す必要があるが，これは読者に委ねることとする．

これまで円周率 π や三角関数は幾何学的な性質を用いて定められてきた．小学校以来，定理 3.5.8 の帰結，すなわち「円の周長と直径の比」を円周率としてきたが，例えば「円の周長と直径の比」が一定であることは証明されないまま我々は真理として受け入れている．また，三角関数は三角比の拡張として幾何的に定義されている．実数論を基礎とする解析学の立場では，例題 3.5.1 で与えられるべき級数関数 $f(x)$ を余弦関数 $\cos x$ とし，$-f'(x)$ を正弦関数

$\sin x$ の定義とする．命題 3.5.7 は正弦関数，余弦関数の加法定理であり，円周率 π は 系 3.5.5 によってその存在が保証されている $\cos x = 0$ の解として定義される．これらの帰結として定理 3.5.8，すなわち円の周長と直径の比が一定の値であることが証明されるのである．

演 習 問 題

3.5.1 次のべき級数の収束半径を求めよ．

(1) $\displaystyle\sum_{n=1}^{\infty} \frac{1}{n2^n} x^n$　　(2) $\displaystyle\sum_{n=1}^{\infty} \frac{(2n)!}{n^{2n}} x^n$　　(3) $\displaystyle\sum_{m=1}^{\infty} \frac{(-1)^{m+1}}{(2m-1)!} x^{2m-1}$

3.5.2 (べき級数としての余弦関数)　系 3.5.5 で考察した関数 $f(x) = \displaystyle\sum_{m=0}^{\infty} \frac{(-1)^m}{(2m)!} x^{2m}$ について，以下の問いに答えよ．

(1) 関数 $f(x)$ のグラフの概形を $-2 < x < 2$ の範囲にて描け．

(2) 加法定理 $f(a+b) = f(a)f(b) - f'(a)f'(b)$ が成り立つことを示せ．

(3) 等式 $f'\left(\dfrac{\pi}{2}\right) = -1$ が成り立つことを示せ．

(4) $f(x)$ は周期関数であることを示せ．

3.5.3 次のべき級数 $\displaystyle\sum_{n=0}^{\infty} (-x)^n$ を考える．

(1) 部分和 $\displaystyle\sum_{n=0}^{N} (-x)^n$ の $N \to +\infty$ での収束・発散を調べることで，収束半径 R を求めよ．

(2) 開区間 $(-R, R)$ において，x の関数として以下の等式が成り立つことを示せ．

$$\frac{1}{1+x} = \sum_{n=0}^{\infty} (-x)^n.$$

(3) 開区間 $(-R, R)$ において，(2) で得られた等式を項別積分することで，関数 $\log(1+x)$ の級数としての表示を求めよ．

3.5.4 ($\tan^{-1} x$ のべき級数表示) 以下の問いに答えよ．

(1) 開区間 $(-1, 1)$ において，x の関数として以下の等式が成り立つことを示せ．

$$\frac{1}{1+x^2} = \sum_{m=0}^{\infty} (-x^2)^m.$$

(2) 開区間 $(-1, 1)$ において，(1) で得られた等式を項別積分することにより，関数 $\tan^{-1} x$ の級数としての表示が以下で与えられることを示せ．

$$\tan^{-1} x = x - \frac{1}{3}x^3 + \frac{1}{5}x^5 - \frac{1}{7}x^7 + \cdots + \frac{(-1)^m}{2m+1} x^{2m+1} + \cdots.$$

4
1 変数関数の積分

積分とは，もともとは面積を計算するための方法として発達したものであり，その時点では微分とは切り離された概念であった．しかし，17 世紀に微分と積分が相互に深く関係していることが明らかになり，それとともにそれまで難解であった積分の計算がスムーズに行えるようになった．本章ではこうした歴史的な流れはひとまずおき，最初に微分の逆の演算として不定積分を定義してから，面積や長さなどの計算に用いられる定積分について述べる．また，定積分を拡張した概念である広義積分や，簡単な微分方程式についても解説する．

4.1 不 定 積 分

連続な関数 $F(x)$ が微分可能であり，$F'(x) = f(x)$ であるとする．$F(x)$ を関数 $f(x)$ の**原始関数**という．いま，$F(x), F_0(x)$ がともに $f(x)$ の原始関数であったとする．このとき，

$$(F(x) - F_0(x))' = F'(x) - F_0'(x) = f(x) - f(x) = 0$$

であるから，平均値の定理 (定理 3.4.1) により，$F(x) - F_0(x)$ は定数関数である．つまり，$F(x) = F_0(x) + C$ となるような定数 C が存在する (例題 3.4.1 参照)．関数 $f(x)$ の原始関数はすべてこのような形のもので尽くされる．この形の関数を総称して，$f(x)$ の**不定積分**といい，

$$\int f(x)\,dx$$

と表す．上に述べたことから，$F(x)$ を $f(x)$ の原始関数の一つとするとき，$f(x)$ の不定積分は定数 C を用いて

$$\int f(x)\,dx = F(x) + C$$

と書ける．C は**積分定数**とよばれる．本章ではこれ以降，特に断りのない限り，C はすべて積分定数を表すものとする．

○**例 4.1.1** (1) $(x^3)' = 3x^2$ であるから，$\displaystyle\int 3x^2\,dx = x^3 + C$ である．

(2) $(-\cos x)' = \sin x$ であるから，$\displaystyle\int \sin x\,dx = -\cos x + C$ である．

例 4.1.1 のように，関数 $f(x)$ の不定積分を求めるためには，$f(x)$ の原始関数がわかればよい．したがって，多項式関数，三角関数，指数関数，対数関数などの基本的な関数は，簡単に不定積分を計算することができる．

命題 4.1.1 次の式が成り立つ．ただし，積分定数は省略する．

(1) $\displaystyle\int x^a\,dx = \frac{1}{a+1}x^{a+1} \quad (a \neq -1)$ (2) $\displaystyle\int \frac{1}{x}\,dx = \log|x|$

(3) $\displaystyle\int e^x\,dx = e^x$ (4) $\displaystyle\int \cos x\,dx = \sin x$

(5) $\displaystyle\int \sin x\,dx = -\cos x$ (6) $\displaystyle\int \frac{1}{\cos^2 x}\,dx = \tan x$

(7) $\displaystyle\int \frac{1}{\sqrt{a^2 - x^2}}\,dx = \sin^{-1}\frac{x}{a} \quad (a > 0)$

(8) $\displaystyle\int \frac{1}{x^2 + a^2}\,dx = \frac{1}{a}\tan^{-1}\frac{x}{a} \quad (a \neq 0)$

(9) $\displaystyle\int \frac{f'(x)}{f(x)}\,dx = \log|f(x)|$

[証明] いずれも，導関数の公式からすぐに得られる． ■

命題 4.1.2 $f(x)$, $g(x)$ を連続な関数とし，k を実数とするとき，次が成り立つ．

(1) $\displaystyle\int \{f(x) + g(x)\}\,dx = \int f(x)\,dx + \int g(x)\,dx$

(2) $\displaystyle\int kf(x)\,dx = k\int f(x)\,dx$

[証明] $F(x)$, $G(x)$ を，それぞれ $f(x)$, $g(x)$ の原始関数とする．

$$\{F(x) + G(x)\}' = F'(x) + G'(x) = f(x) + g(x)$$

であるから，

$$\int \{f(x)+g(x)\}\,dx = F(x)+G(x)+C = \int f(x)\,dx + \int g(x)\,dx$$

が成り立つ．また，$\{kF(x)\}' = kF'(x) = kf(x)$ であるから，

$$\int kf(x)\,dx = kF(x)+C = k\int f(x)\,dx$$

が成り立つ．■

演 習 問 題

4.1.1 次の不定積分を求めよ．

(1) $\displaystyle\int (2x^3-5x+1)\,dx$　(2) $\displaystyle\int \frac{1}{\sqrt[3]{x^2}}\,dx$　(3) $\displaystyle\int \frac{(1+\sqrt{x})^2}{x}\,dx$

(4) $\displaystyle\int \frac{1}{x+1}\,dx$　(5) $\displaystyle\int e^{-2x}\,dx$　(6) $\displaystyle\int \sin 2x\,dx$

(7) $\displaystyle\int \cos(-4x)\,dx$　(8) $\displaystyle\int \tan x\,dx$　(9) $\displaystyle\int \tan^2 x\,dx$

(10) $\displaystyle\int \frac{1}{\sqrt{4-x^2}}\,dx$　(11) $\displaystyle\int \frac{1}{x^2+3}\,dx$　(12) $\displaystyle\int \frac{x}{x^2+4}\,dx$

4.2　不定積分の基本的計算法

不定積分の計算は，微分の計算と比べると難しく，さまざまな工夫が必要になる場合が多い．ここではそのような技法のうちもっとも基本的なものとして，置換積分法と部分積分法について述べる．

4.2.1　置換積分法

関数 $f(x)$ に対し，$F'(x) = f(x)$ となる関数 $F(x)$ を考える．すなわち，$F(x)$ は $f(x)$ の原始関数である．このとき，x を $x=\varphi(t)$ と別の変数 t で置換すると，合成関数の微分の公式により，

$$(F(\varphi(t)))' = F'(\varphi(t))\varphi'(t) = f(\varphi(t))\varphi'(t)$$

となる．このことから，次の定理が成り立つ．

定理 4.2.1 (置換積分法)　関数 $f(x)$ は連続であり，$x=\varphi(t)$ は t に関して微分可能であるとする．このとき，

$$\int f(x)\,dx = \int f(\varphi(t))\varphi'(t)\,dt$$

が成り立つ.

置換積分法を用いると，さまざまな関数の積分を計算できるようになる．応用上は，上の定理において右辺を左辺に変形することも多い．また，$\dfrac{dx}{dt}$ は分数ではないが，形式的に $dx = \dfrac{dx}{dt}dt$ とあたかも分数のように扱うと覚えやすい.

○例 **4.2.1** (1) $\displaystyle\int xe^{-x^2}\,dx$ に対し，$t = \varphi(x) = -x^2$ とおくと，$\dfrac{dt}{dx} = -2x$ であるから，

$$\begin{aligned}\int xe^{-x^2}\,dx &= -\frac{1}{2}\int e^{-x^2}\varphi'(x)\,dx = -\frac{1}{2}\int e^t\,dt \\ &= -\frac{1}{2}e^t + C = -\frac{1}{2}e^{-x^2} + C.\end{aligned}$$

(2) $\displaystyle\int \frac{1}{x\log x}\,dx$ に対し，$t = \varphi(x) = \log x$ とおくと，$\dfrac{dt}{dx} = \dfrac{1}{x}$ であるから，

$$\begin{aligned}\int \frac{1}{x\log x}\,dx &= \int \frac{1}{\log x}\cdot\varphi'(x)\,dx = \int \frac{1}{t}\,dt \\ &= \log|t| + C = \log|\log x| + C.\end{aligned}$$

4.2.2 部分積分法

第3章でみたように，関数 $f(x)$, $g(x)$ に対し，

$$(f(x)g(x))' = f'(x)g(x) + f(x)g'(x)$$

が成り立つ．この両辺を積分することにより，次の定理が得られる.

定理 4.2.2 (部分積分法) 関数 $f(x)$, $g(x)$ がともに微分可能であるとする．このとき，

$$\int f'(x)g(x)\,dx = f(x)g(x) - \int f(x)g'(x)\,dx$$

が成り立つ.

○**例 4.2.2** (1) 部分積分法を用いて $\int (x-1)\sin x\,dx$ を求めると，

$$\int (x-1)\sin x\,dx = (x-1)(-\cos x) - \int 1\cdot(-\cos x)\,dx$$
$$= (1-x)\cos x + \sin x + C.$$

(2) 部分積分法を用いて $\int \log x\,dx$ を求めると，$\log x = 1\cdot\log x = (x)'\log x$ と表せるから，

$$\int \log x\,dx = x\log x - \int x\cdot\frac{1}{x}\,dx = x\log x - \int dx$$
$$= x\log x - x + C.$$

例題 4.2.1 $a \neq 0$ とする．$n = 1, 2, \ldots$ に対し $I_n = \int \frac{1}{(x^2+a^2)^n}\,dx$ とおくとき，次の漸化式が成り立つことを示せ．

$$I_{n+1} = \frac{1}{2na^2}\left\{\frac{x}{(x^2+a^2)^n} + (2n-1)I_n\right\}.$$

[解答] I_n に部分積分法を用いると，

$$I_n = \int \frac{1}{(x^2+a^2)^n}\,dx = \int 1\cdot\frac{1}{(x^2+a^2)^n}\,dx$$
$$= \frac{x}{(x^2+a^2)^n} - \int x(-n)\frac{2x}{(x^2+a^2)^{n+1}}\,dx$$
$$= \frac{x}{(x^2+a^2)^n} + 2n\int \frac{x^2}{(x^2+a^2)^{n+1}}\,dx$$
$$= \frac{x}{(x^2+a^2)^n} + 2n\int \frac{x^2+a^2-a^2}{(x^2+a^2)^{n+1}}\,dx$$
$$= \frac{x}{(x^2+a^2)^n} + 2n(I_n - a^2 I_{n+1}).$$

これより，$I_{n+1} = \frac{1}{2na^2}\left\{\frac{x}{(x^2+a^2)^n} + (2n-1)I_n\right\}$ を得る． ■

●**注意** 不定積分はつねに積分定数の分の不定性があるから，例題 4.2.1 で得られた漸化式は，通常の意味の等式ではない．たとえば，この式の右辺を左辺に移項した

$$I_{n+1} - \frac{1}{2na^2}\left\{\frac{x}{(x^2+a^2)^n} - (2n-1)I_n\right\} = 0$$

という式は，必ずしも成立しない．

演 習 問 題

4.2.1 次の不定積分を求めよ.

(1) $\displaystyle\int (2x-5)^5\,dx$　(2) $\displaystyle\int x^2 e^{x^3}\,dx$　(3) $\displaystyle\int x\sqrt{2-3x}\,dx$

(4) $\displaystyle\int \sin x\cos^3 x\,dx$　(5) $\displaystyle\int \frac{\log x}{x}\,dx$　(6) $\displaystyle\int \frac{e^x}{1+e^x}\,dx$

(7) $\displaystyle\int x^2 e^x\,dx$　(8) $\displaystyle\int x\cos^2 x\,dx$　(9) $\displaystyle\int x^2\log x\,dx$

(10) $\displaystyle\int (\log x)^2\,dx$　(11) $\displaystyle\int \sin^{-1}x\,dx$　(12) $\displaystyle\int \tan^{-1}x\,dx$

4.2.2 $n=0,1,2,\ldots$ に対し，$I_n=\displaystyle\int \sin^n x\,dx$ とおく.

(1) $n=2,3,\ldots$ に対し，漸化式

$$I_n = -\frac{1}{n}\sin^{n-1}x\cos x + \frac{n-1}{n}I_{n-2}$$

が成り立つことを示せ.

(2) (1) の結果を利用して，$\displaystyle\int \sin^4 x\,dx$ を求めよ.

4.3 有理関数の積分に帰着される積分

本節では，分母と分子がともに多項式であるような分数関数の不定積分の計算法を取り扱う．こうした関数は**有理関数**とよばれる．また，三角関数や無理関数の不定積分も，変数を適当に置換することにより，有理関数の不定積分に帰着できることがある．これによって，さまざまな関数の不定積分を計算できることになる.

4.3.1 有理関数の積分

有理関数の不定積分は，分子の多項式の次数と分母の多項式の次数を比べたとき，2 つの場合に分けることができる．いま，$p(x)$ と $q(x)$ をともに多項式とし，有理関数 $\dfrac{p(x)}{q(x)}$ の不定積分 $\displaystyle\int \frac{p(x)}{q(x)}\,dx$ を考える．$p(x)$ と $q(x)$ の次数を，それぞれ $\deg p(x)$, $\deg q(x)$ とおく.

[1] $\deg p(x) \geqq \deg q(x)$ のとき

この場合は，まず多項式の割り算を行うことにより，被積分関数を多項式の部分と分数関数の部分の和の形に直す．$p(x)$ を $q(x)$ で割ったときの商を $s(x)$，余りを $r(x)$ とすると，

$$p(x) = q(x)s(x) + r(x)$$

が成り立つ．したがって，求める不定積分は

$$\int \frac{p(x)}{q(x)}\,dx = \int \frac{q(x)s(x)+r(x)}{q(x)}\,dx = \int \left(s(x) + \frac{r(x)}{q(x)} \right) dx$$

と変形できる．ここで大事なのは，多項式 $r(x)$ の次数 $\deg r(x)$ は必ず $\deg q(x)$ より小さくなっているということである．$s(x)$ は多項式なので容易に積分することができるから，残されたのは $\dfrac{r(x)}{q(x)}$ の不定積分の計算である．よって，この不定積分は次の [2] の場合に帰着されることになる．

[2] $\deg p(x) < \deg q(x)$ のとき

ステップ 1 (部分分数分解)

この場合は，被積分関数をいくつかの分数関数の和に変形することで積分計算が行えるようになる．一般に，係数が実数であるような多項式はいくつかの 1 次式と 2 次式の積に必ず因数分解できることが知られている．すなわち，多項式 $q(x)$ は

$$\begin{aligned} q(x) = c(x-\alpha_1)^{a_1}(x-\alpha_2)^{a_2}\cdots(x-\alpha_m)^{a_m} \times \\ (x^2+\beta_1 x+\gamma_1)^{b_1}(x^2+\beta_2 x+\gamma_2)^{b_2}\cdots(x^2+\beta_n x+\gamma_n)^{b_n} \end{aligned}$$

という形に必ず表せる．ただし，$j = 1, \ldots, n$ に対し

$${\beta_j}^2 - 4\gamma_j < 0$$

が満たされているものとする (これは，2 次式の部分が，実数係数の多項式としてはこれ以上因数分解できないことを意味している)．このとき，$\dfrac{p(x)}{q(x)}$ は

$$\frac{(\text{定数})}{(x-\alpha_i)^k} \qquad (1 \leqq k \leqq a_i,\ i = 1, \ldots, m),$$

$$\frac{(x\,\text{の 1 次式})}{(x^2+\beta_j x+\gamma_j)^l} \qquad (1 \leqq l \leqq b_j,\ j = 1, \ldots, n)$$

の形をした有理関数の和として表すことができる．有理関数をこのような関数

の和に直すことを，**部分分数分解**という．

ステップ 2 (各項の積分)

ステップ 1 より，

$$(1) \quad \frac{A}{(x-\alpha)^k} \qquad\qquad (2) \quad \frac{B_1 x + B_2}{(x^2+\beta x+\gamma)^l}$$

の形の不定積分を求められればよいことになる．

(1) のタイプの積分は，次のように容易に求められる．

$$\int \frac{A}{(x-\alpha)^k}\,dx = \begin{cases} \dfrac{A}{1-k}\cdot\dfrac{1}{(x-\alpha)^{k-1}} & (k \neq 1) \\ A\log|x-\alpha| & (k=1). \end{cases}$$

(2) のタイプの積分については，$\dfrac{d}{dx}(x^2+\beta x+\gamma) = 2x+\beta$ であることに注目すると，被積分関数は

$$\frac{B_1 x + B_2}{(x^2+\beta x+\gamma)^l} = \frac{B_1}{2}\cdot\frac{2x+\beta}{(x^2+\beta x+\gamma)^l} + \left(B_2 - \frac{B_1\beta}{2}\right)\frac{1}{(x^2+\beta x+\gamma)^l}$$

と書き直せる．第 1 項は命題 4.1.1(1), (2) より容易に積分できる．第 2 項は，$4\gamma-\beta^2>0$ であることに注意して $a = \dfrac{\sqrt{4\gamma-\beta^2}}{2}$ とおくと，

$$x^2+\beta x+\gamma = \left(x+\frac{\beta}{2}\right)^2 + a^2$$

と平方完成することができる．そこで $y = x + \dfrac{\beta}{2}$ と置換すると，

$$\int \frac{1}{(x^2+\beta x+\gamma)^l}\,dx = \int \frac{1}{(y^2+a^2)^l}\,dy$$

となる．この積分は，例題 4.2.1 により帰納的に求めることができる．

以上より，どんな有理関数であっても，原理的にはその不定積分を計算できることがわかる．

例題 4.3.1　次の不定積分を求めよ．

(1) $\displaystyle\int \frac{x^2}{x^2-x-6}\,dx$　　(2) $\displaystyle\int \frac{1}{1-x^3}\,dx$

[解答]　(1)　分子と分母の多項式の次数が等しいから，まず多項式の割り算を行った後に部分分数分解をする．

$$\int \frac{x^2}{x^2-x-6}\,dx = \int \left(1+\frac{x+6}{x^2-x-6}\right)dx$$
$$= x + \int \frac{x+6}{(x-3)(x+2)}\,dx$$
$$= x + \int \left(\frac{9}{5}\cdot\frac{1}{x-3} - \frac{4}{5}\cdot\frac{1}{x+2}\right)dx$$
$$= x + \frac{9}{5}\log|x-3| - \frac{4}{5}\log|x+2| + C.$$

(2)　$1-x^3=(1-x)(1+x+x^2)$ と因数分解できることに注意すると，ある実数 A, B_1, B_2 が存在して

$$\frac{1}{1-x^3} = \frac{A}{1-x} + \frac{B_1x+B_2}{1+x+x^2}$$

と書ける．したがって

$$\frac{1}{1-x^3} = \frac{(A-B_1)x^2+(A+B_1-B_2)x+A+B_2}{(1-x)(1+x+x^2)}$$

となるから，係数を比較して $A-B_1=0,\ A+B_1-B_2=0,\ A+B_2=1$ を得る．これより $A=B_1=\frac{1}{3},\ B_2=\frac{2}{3}$ となる．ゆえに

$$\int \frac{1}{1-x^3}\,dx = \int \left(\frac{1}{3}\cdot\frac{1}{1-x} + \frac{1}{3}\cdot\frac{x+2}{x^2+x+1}\right)dx$$
$$= \frac{1}{3}\int \frac{1}{1-x}\,dx + \frac{1}{6}\int \frac{2x+1}{x^2+x+1}\,dx + \frac{1}{2}\int \frac{1}{x^2+x+1}\,dx$$
$$= \frac{1}{3}\int \frac{1}{1-x}\,dx + \frac{1}{6}\int \frac{(x^2+x+1)'}{x^2+x+1}\,dx + \frac{1}{2}\int \frac{1}{\left(x+\frac{1}{2}\right)^2+\left(\frac{\sqrt{3}}{2}\right)^2}\,dx$$
$$= -\frac{1}{3}\log|1-x| + \frac{1}{6}\log(x^2+x+1) + \frac{1}{2}\cdot\frac{2}{\sqrt{3}}\tan^{-1}\frac{2x+1}{\sqrt{3}} + C$$
$$= \frac{1}{6}\log\frac{x^2+x+1}{(1-x)^2} + \frac{1}{\sqrt{3}}\tan^{-1}\frac{2x+1}{\sqrt{3}} + C. \qquad \blacksquare$$

4.3.2　三角関数の積分

分母と分子がともに変数 x, y の多項式であるような関数 $f(x,y)$ を考える．すなわち，$f(x,y)$ は 2 変数の有理関数である．ここでは，

$$\int f(\cos x, \sin x)\, dx$$

の形をした不定積分について考える．

こうした不定積分は，加法定理などの公式を用いて被積分関数を変形するか，あるいは，次の例題のように $\cos x = t$ あるいは $\sin x = t$ などとおいて置換積分を行うことで，前節の有理関数の積分に帰着できることがある．

例題 4.3.2　不定積分 $\displaystyle\int \frac{\sin x}{1+\cos^2 x}\, dx$ を求めよ．

[解答]　$t = \cos x$ とおくと $\dfrac{dt}{dx} = -\sin x$ であるから，

$$\begin{aligned}\int \frac{\sin x}{1+\cos^2 x}\, dx &= -\int \frac{1}{1+t^2}\, dt \\ &= -\tan^{-1} t + C = -\tan^{-1}(\cos x) + C.\end{aligned}$$

■

上のように被積分関数の変形や簡単な置換で積分できる形にならないときは，次のような置換をする方法がある．

$t = \tan\dfrac{x}{2}$ とおく．このとき，

$$\sin x = 2\sin\frac{x}{2}\cos\frac{x}{2} = 2\tan\frac{x}{2}\cos^2\frac{x}{2} = \frac{2\tan\dfrac{x}{2}}{1+\tan^2\dfrac{x}{2}} = \frac{2t}{1+t^2},$$

$$\cos x = 2\cos^2\frac{x}{2} - 1 = \frac{2}{1+\tan^2\dfrac{x}{2}} - 1 = \frac{1-\tan^2\dfrac{x}{2}}{1+\tan^2\dfrac{x}{2}} = \frac{1-t^2}{1+t^2},$$

$$\frac{dt}{dx} = \frac{1}{2}\left(1+\tan^2\frac{x}{2}\right) = \frac{1+t^2}{2}$$

となるので，この置換によって三角関数の有理関数の積分は，

$$\int f(\cos x, \sin x)\, dx = \int f\left(\frac{1-t^2}{1+t^2}, \frac{2t}{1+t^2}\right) \cdot \frac{2}{1+t^2}\, dt$$

と，必ず t の有理関数の不定積分に帰着できることがわかる．

例題 4.3.3　次の不定積分を計算せよ．

(1) $\displaystyle\int \frac{1}{1+\sin x}\, dx$　　(2) $\displaystyle\int \frac{1}{2+\cos x}\, dx$

[解答] (1) $t = \tan\dfrac{x}{2}$ とおくと，$\sin x = \dfrac{2t}{1+t^2}$, $dx = \dfrac{2}{1+t^2}\,dt$ であるから，

$$\begin{aligned}\int \frac{1}{1+\sin x}\,dx &= \int \frac{1}{1+\dfrac{2t}{1+t^2}} \cdot \frac{2}{1+t^2}\,dt \\ &= \int \frac{2}{t^2+2t+1}\,dt = \int \frac{2}{(t+1)^2}\,dt = -\frac{2}{t+1} + C \\ &= -\frac{2}{\tan\dfrac{x}{2}+1} + C.\end{aligned}$$

(2) $t = \tan\dfrac{x}{2}$ とおくと，$\cos x = \dfrac{1-t^2}{1+t^2}$, $dx = \dfrac{2}{1+t^2}\,dt$ であるから，

$$\begin{aligned}\int \frac{1}{2+\cos x}\,dx &= \int \frac{1}{2+\dfrac{1-t^2}{1+t^2}} \cdot \frac{2}{1+t^2}\,dt = \int \frac{2}{2(1+t^2)+1-t^2}\,dt \\ &= \int \frac{2}{t^2+3}\,dt = \frac{2}{\sqrt{3}}\tan^{-1}\frac{t}{\sqrt{3}} + C \\ &= \frac{2}{\sqrt{3}}\tan^{-1}\left(\frac{1}{\sqrt{3}}\tan\frac{x}{2}\right) + C.\end{aligned}$$

■

4.3.3 無理関数の積分

被積分関数に無理関数が含まれている積分は，一般には初等関数で表すことはできない．しかし根号の中が比較的平易な関数であるときは，適当な置換によって有理関数の積分に帰着できる場合がある．ここでは，根号の中が 1 次式や 2 次式である場合について述べる．

[1] 被積分関数が x と $\sqrt[n]{ax+b}$ $(a \neq 0)$ の有理式であるとき

$t = \sqrt[n]{ax+b}$ とおくと，$x = \dfrac{t^n - b}{a}$, $\dfrac{dx}{dt} = \dfrac{nt^{n-1}}{a}$ であるから，t に関する有理関数の積分に帰着できる．

例題 4.3.4 不定積分 $\displaystyle\int \frac{1}{x\sqrt{x+1}}\,dx$ を計算せよ．

[解答] $t = \sqrt{x+1}$ とおくと，$x = t^2 - 1$, $\dfrac{dx}{dt} = 2t$ であるから，

$$\int \frac{1}{x\sqrt{x+1}}\,dx = \int \frac{1}{(t^2-1)t} \cdot 2t\,dt = \int \frac{2}{t^2-1}\,dt$$

$$= \int \left(\frac{1}{t-1} - \frac{1}{t+1} \right) dt = \log|t-1| - \log|t+1| + C$$

$$= \log \left| \frac{\sqrt{x+1}-1}{\sqrt{x+1}+1} \right| + C. \qquad \blacksquare$$

●**注意** 被積分関数が x と $\sqrt[n]{\dfrac{ax+b}{cx+d}}$ $(ad-bc \neq 0)$ の有理式であるときも，同様の置換によって有理関数の積分に帰着できる．

[2] 被積分関数が x と $\sqrt{ax^2+bx+c}$ の有理式であるとき

この場合は，根号の中の 2 次関数がある区間で正の値をとるためには，次のどちらかの条件が成り立っていなければならない．

(a) $a > 0$,

(b) $a < 0$ で，2 次方程式 $ax^2+bx+c=0$ が相異なる 2 つの実数解 α, β をもつ．

(a) の場合は，$t - \sqrt{a}x = \sqrt{ax^2+bx+c}$ とおくと，t に関する有理関数の積分に帰着できる．(b) の場合は，$t = \sqrt{\dfrac{a(x-\beta)}{x-\alpha}}$ とおくことで，やはり t の有理関数の積分になる．

例題 4.3.5 不定積分 $\displaystyle\int \frac{1}{x\sqrt{x^2+x+2}}\,dx$ を計算せよ．

[解答] $t - x = \sqrt{x^2+x+2}$ とおくと，$x = \dfrac{t^2-2}{2t+1}$, $\dfrac{dx}{dt} = \dfrac{2(t^2+t+2)}{(2t+1)^2}$ であるから，

$$\int \frac{1}{x\sqrt{x^2+x+2}}\,dx = \int \frac{1}{\dfrac{t^2-2}{2t+1} \cdot \left(t - \dfrac{t^2-2}{2t+1}\right)} \cdot \frac{2(t^2+t+2)}{(2t+1)^2}\,dt$$

$$= \int \frac{2(t^2+t+2)}{(t^2-2)\{t(2t+1)-(t^2-2)\}}\,dt = \int \frac{2}{t^2-2}\,dt$$

$$= \frac{1}{\sqrt{2}} \int \left(\frac{1}{t-\sqrt{2}} - \frac{1}{t+\sqrt{2}} \right) dt$$

$$= \frac{1}{\sqrt{2}} (\log|t-\sqrt{2}| - \log|t+\sqrt{2}|) + C$$

$$= \frac{1}{\sqrt{2}} \log \left| \frac{\sqrt{x^2+x+2}+x-\sqrt{2}}{\sqrt{x^2+x+2}+x+\sqrt{2}} \right| + C. \qquad \blacksquare$$

演習問題

4.3.1 次の不定積分を求めよ.

(1) $\displaystyle\int \frac{1}{x^2+2x-8}\,dx$ (2) $\displaystyle\int \frac{1}{x^2+2x+2}\,dx$ (3) $\displaystyle\int \frac{1}{x^4-1}\,dx$

(4) $\displaystyle\int \frac{x^2+x-1}{x^3+x}\,dx$ (5) $\displaystyle\int \frac{x^4+2x^2+1}{x^2+2}\,dx$ (6) $\displaystyle\int \frac{x^5}{x^4+x^2-2}\,dx$

4.3.2 次の不定積分を求めよ.

(1) $\displaystyle\int \frac{1}{\sin x}\,dx$ (2) $\displaystyle\int \frac{1}{2+\sin x}\,dx$ (3) $\displaystyle\int \frac{1}{3+\cos x}\,dx$

(4) $\displaystyle\int \frac{\sin x}{1+\sin x}\,dx$ (5) $\displaystyle\int \frac{\cos x}{\sin x+\cos x}\,dx$ (6) $\displaystyle\int \frac{1+\sin x}{\sin x(1+\cos x)}\,dx$

4.3.3 次の不定積分を求めよ.

(1) $\displaystyle\int x\sqrt[3]{1+x}\,dx$ (2) $\displaystyle\int \frac{x}{(x+2)\sqrt{x+1}}\,dx$

(3) $\displaystyle\int \frac{1}{\sqrt{x^2+2x+3}}\,dx$ (4) $\displaystyle\int \frac{1}{(1-x)\sqrt{x^2+x+1}}\,dx$

4.4 定積分

本章の冒頭でも述べたとおり，積分とは本来，曲線で囲まれたような図形の面積をどのようにして計算するか，またそのような図形の「面積」という量をそもそもどのように定義するか，という問題を考えるうえで生まれた概念である．この節では，定積分を定義する区分求積法の考え方について述べ，さらに「微分と積分はともにお互いの逆演算である」という微分積分学の基本定理について説明する.

4.4.1 区分求積法と定積分

$a, b \in \boldsymbol{R}$ とし，閉区間 $[a,b]$ で定義された連続関数 $f(x)$ を考える．この関数と x 軸に挟まれた領域の「面積」を，次のようにして求める (ここでの「面積」という言葉の意味は後で説明する).

$(n-1)$ 個の実数 $x_1, x_2, \ldots, x_{n-1}$ を，$a < x_1 < x_2 < \cdots < x_{n-1} < b$ を満たすように適当にとる．また，$x_0 = a$, $x_n = b$ とする．閉区間 $[a,b]$ は，n 個の小区間 $[x_0, x_1]$, $[x_1, x_2]$, …, $[x_{n-1}, x_n]$ に分けられることになる．これを閉区間 $[a,b]$ の**分割**といい，

$$\Delta = \{x_0, x_1, \ldots, x_n\}$$

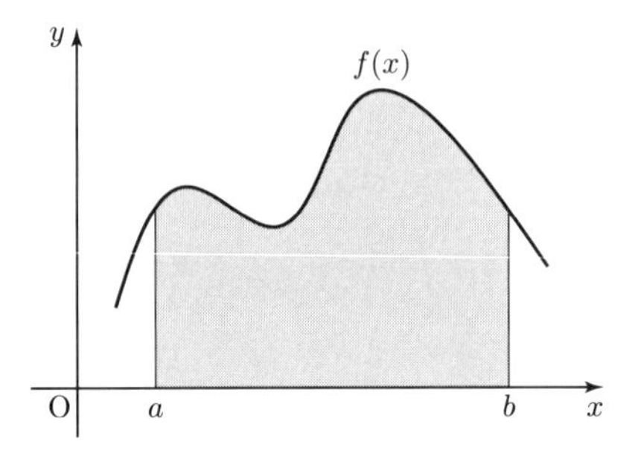

図 4.1 関数 $f(x)$ と x 軸に挟まれた領域

で表す．また，与えられた分割 Δ に対し，その**幅** $||\Delta||$ を

$$||\Delta|| = \max_{1 \leqq i \leqq n} (x_i - x_{i-1})$$

で定義する．

ここで $1 \leqq i \leqq n$ を満たす各 i に対し，$x_{i-1} \leqq \xi_i \leqq x_i$ を満たす実数 ξ_i を 1 つずつ選び，

$$S(f, \Delta, \{\xi_i\}) = \sum_{i=1}^{n} f(\xi_i)(x_i - x_{i-1})$$

とおく．$S(f, \Delta, \{\xi_i\})$ は，分割 Δ と $\{\xi_i\}$ に関する $f(x)$ の**リーマン和**とよばれる．もし関数 $f(x)$ が閉区間 $[a, b]$ においてつねに $f(x) > 0$ を満たしているなら，$S(f, \Delta, \{\xi_i\})$ は図 4.2 のアミ部分で示したようないくつかの長方形の面積の和を表していることになる．

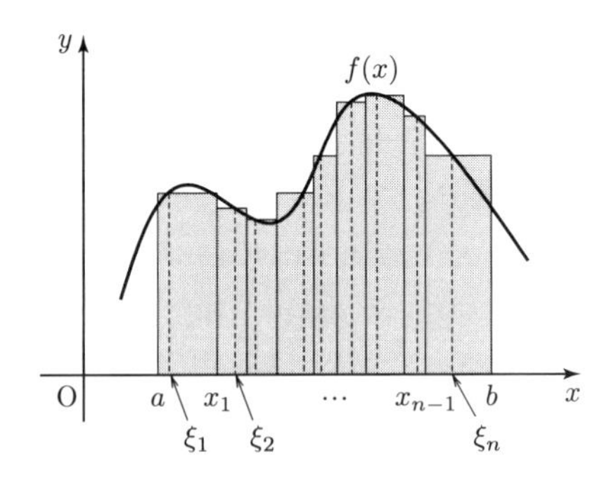

図 4.2 区間の分割によるリーマン和

以上の準備のもとで，次の定義を与える．分割 Δ をどのようにとっても，$||\Delta|| \to 0$ としたとき，$\{\xi_i\}$ によらずに $S(f, \Delta, \{\xi_i\})$ がある値に収束すると

き，関数 $f(x)$ は閉区間 $[a,b]$ において**積分可能**であるという．また，この極限値 $\displaystyle\lim_{||\Delta||\to 0} S(f,\Delta,\{\xi_i\})$ を $f(x)$ の閉区間 $[a,b]$ における**定積分**といい，

$$\int_a^b f(x)\,dx \tag{4.4.1}$$

で表す．

●**注意** (1) 閉区間 $[a,b]$ においてつねに $f(x) \geqq 0$ であるとするとき，直観的には，x 軸と関数 $y=f(x)$ に挟まれた領域の「面積」を式 (4.4.1) で計算できる，と思える．しかし実際には，式 (4.4.1) によってこの領域の「面積」という量が定義されるのである．

(2) $f(x)$ が閉区間 $[a,b]$ において負の値をとることがあるときは，定積分 $\displaystyle\int_a^b f(x)\,dx$ の値は，x 軸と関数 $y=f(x)$ に挟まれた領域の面積にはならない．定積分 $\displaystyle\int_a^b f(x)\,dx$ は，$f(x)$ を正の部分と負の部分に分けたとき，それぞれと x 軸に挟まれた領域の面積に符号をつけて和をとったものと考えることができる (図 4.3).

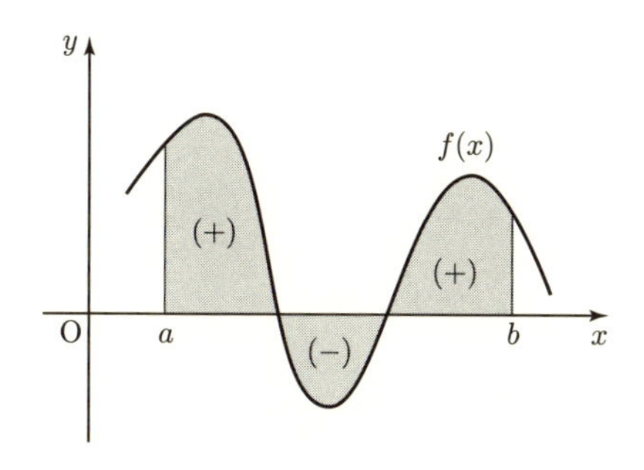

図 4.3 定積分の符号と面積

(3) このように，曲線と x 軸に挟まれた領域を細い長方形の束で近似して面積を求める方法を，**区分求積法**という．

式 (4.4.1) で定義された定積分が存在することは，次の定理によって保証される．

定理 4.4.1 関数 $f(x)$ が閉区間 $[a,b]$ において連続ならば，$f(x)$ は $[a,b]$ において積分可能である．

この定理を証明するためには関数の一様連続性とよばれる概念を定義する必要があるが，ここでは省略する．

例題 4.4.1 次の定積分を定義に従って求めよ.

(1) $\displaystyle\int_a^b k\,dx$ (k は定数) (2) $\displaystyle\int_0^1 x^2\,dx$

［解答］ (1) $f(x)=k$ とすると，閉区間 $[a,b]$ に対する分割 Δ と代表点 $\xi_1,\ldots,\xi_n$ をどのようにとっても，

$$S(f,\Delta,\{\xi_i\})=\sum_{i=1}^{n}f(\xi_i)(x_i-x_{i-1})=k\sum_{i=1}^{n}(x_i-x_{i-1})=k(b-a)$$

となるから，$f(x)=k$ は閉区間 $[a,b]$ において定積分可能であり，$\displaystyle\int_a^b f(x)\,dx=k(b-a)$ である.

(2) $f(x)=x^2$ とおく．$f(x)$ は連続関数であるから定積分可能である．したがって，計算しやすい分割 Δ と小区間の代表点 ξ_i を選び，リーマン和の極限を求めればよい.

閉区間 $[0,1]$ を n 等分した分割 $\Delta=\left\{\dfrac{k}{n}\mid k=0,1,\ldots,n\right\}$ を考える．各小区間 $\left[\dfrac{i-1}{n},\dfrac{i}{n}\right]$ $(i=1,\ldots,n)$ に対し，$\xi_i=\dfrac{i}{n}$ とすると，

$$\begin{aligned}S(f,\Delta,\{\xi_i\})&=\sum_{i=1}^{n}f(\xi_i)(x_i-x_{i-1})\\&=\sum_{i=1}^{n}\left(\frac{k}{n}\right)^2\cdot\frac{1}{n}=\frac{1}{n^3}\cdot\frac{n(n+1)(2n+1)}{6}\\&=\frac{1}{6}\left(1+\frac{1}{n}\right)\left(2+\frac{1}{n}\right)\end{aligned}$$

となる．$||\Delta||=\dfrac{1}{n}$ であるから，$n\to\infty$ のとき $||\Delta||\to 0$ となり，

$$\int_0^1 x^2\,dx=\lim_{n\to\infty}S(f,\Delta,\{\xi_i\})=\frac{1}{6}\cdot 2=\frac{1}{3}$$

と求まる. ■

●**注意** 例題 4.4.1(2) のように，閉区間 $[0,1]$ で連続な関数 $f(x)$ に対し，区間を n 等分したリーマン和について $n\to\infty$ とした極限を考えることにより，

$$\lim_{n\to\infty}\frac{1}{n}\sum_{k=1}^{n}f\left(\frac{k}{n}\right)=\int_0^1 f(x)\,dx$$

が成り立つ.

定積分の定義から，次の命題が成り立つ．

命題 4.4.2 関数 $f(x)$, $g(x)$ はともに閉区間 $[a,b]$ で連続な関数とする．

(1) α, β を定数とするとき，$\alpha f(x) + \beta g(x)$ も $[a,b]$ で積分可能であり，

$$\int_a^b \{\alpha f(x) + \beta g(x)\}\, dx = \alpha \int_a^b f(x)\, dx + \beta \int_a^b g(x)\, dx$$

が成り立つ．

(2) c を $a \leqq c \leqq b$ を満たす実数とするとき，

$$\int_a^b f(x)\, dx = \int_a^c f(x)\, dx + \int_c^b f(x)\, dx$$

が成り立つ．

(3) 閉区間 $[a,b]$ において $f(x) \leqq g(x)$ が成り立っているとするとき，

$$\int_a^b f(x)\, dx \leqq \int_a^b g(x)\, dx$$

が成り立つ．ただし等号が成り立つのは，閉区間 $[a,b]$ において恒等的に $f(x) = g(x)$ であるときに限る．

(4) 関数 $|f(x)|$ もまた積分可能であり，

$$\left| \int_a^b f(x)\, dx \right| \leqq \int_a^b |f(x)|\, dx$$

が成り立つ．

なお，関数 $f(x)$ に対し，$a > b$ のときは

$$\int_a^b f(x)\, dx = -\int_b^a f(x)\, dx,$$

$a = b$ のときは

$$\int_a^b f(x)\, dx = 0$$

とそれぞれ定義すると，命題 4.4.2(1), (2) は a, b, c の大小関係にかかわらず成り立つ．

定理 4.4.3 (積分の平均値の定理) 関数 $f(x)$ が閉区間 $[a,b]$ において連続ならば,

$$\int_a^b f(x)\,dx = f(c)(b-a) \qquad (a < c < b)$$

を満たす c が少なくとも 1 つ存在する.

[証明] 仮定より $f(x)$ は閉区間 $[a,b]$ において連続であるから, 定理2.4.4 より $f(x)$ は $[a,b]$ において最大値 M と最小値 m をもつ. したがって, $m = f(\alpha)$, $M = f(\beta)$ となるような α, β が閉区間 $[a,b]$ に必ず存在する.

もし $m = M$ であるなら, $f(x)$ は定数関数 $f(x) = m\,(= M)$ となるから, 開区間 (a,b) 内の任意の c に対して $\displaystyle\int_a^b f(x)\,dx = f(c)(b-a)$ が成り立つ.

そこで, 以下では $m < M$ とする. 閉区間 $[a,b]$ において $m \leqq f(x) \leqq M$ が成り立ち, 恒等的に $f(x) = m$ でも $f(x) = M$ でもないことに注意すると, 例題 4.4.1(1) と命題 4.4.2(3) より

$$m(b-a) = \int_a^b m\,dx < \int_a^b f(x)\,dx < \int_a^b M\,dx = M(b-a)$$

が成り立つ. これより

$$m < \frac{1}{b-a}\int_a^b f(x)\,dx < M$$

を得る. $m = f(\alpha), M = f(\beta)$ であったから, $f(x)$ と閉区間 $[\alpha,\beta]$ (または $[\beta,\alpha]$) に対して中間値の定理を適用すると,

$$f(c) = \frac{1}{b-a}\int_a^b f(x)\,dx$$

となる c が開区間 (α,β) (または (β,α)) に必ず存在することがわかる. 開区間 (α,β) (または (β,α)) は閉区間 $[a,b]$ に含まれているから,

$$\int_a^b f(x)\,dx = f(c)(b-a)$$

となる c が開区間 (a,b) に必ず存在する. ■

閉区間 $[a,b]$ で連続な関数 $f(x)$ がつねに $f(x) \geqq 0$ を満たしているならば, 関数 $y = f(x)$ と x 軸に挟まれる領域 D の面積は $\displaystyle\int_a^b f(x)\,dx$ で与えられる.

定理 4.4.3 は，図 4.4 のように，面積が領域 D とちょうど同じであるように「ならした」長方形を考えたとき，$f(c)$ がその長方形の高さに等しくなるような c が，必ず a と b の間に存在すると主張している．

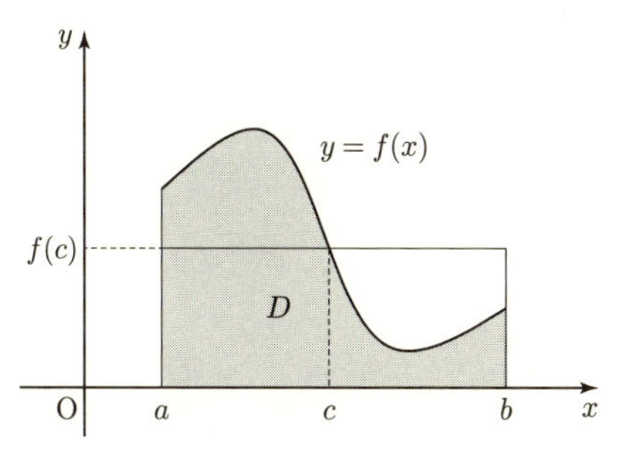

図 4.4　積分の平均値

4.4.2 微分積分学の基本定理

定積分を定義どおりにリーマン和の極限として求めるのは，多くの場合に非常に困難である．しかし本節で説明する「微分積分学の基本定理」によって，定積分の計算を微分の逆演算として計算できるようになる．

$f(x)$ を閉区間 $[a, b]$ で連続な関数とする．ξ を $[a, b]$ に属する任意の点とし，

$$F(\xi) = \int_a^{\xi} f(x)\,dx$$

とおけば，各 $\xi \in [a, b]$ に対し $F(\xi)$ が対応するような関数 $F(x)$ を定めることができる．すなわち，

$$F(x) = \int_a^x f(t)\,dt \tag{4.4.2}$$

である．

●注意　式 (4.4.2) を $F(x) = \displaystyle\int_a^x f(x)\,dx$ と書かなかったことに注意してほしい．$F(x)$ はあくまで積分区間の終点 x に関する関数であって，$f(x)\,dx$ に含まれる積分変数の x によるものではない．無用な混乱を避けるためにも，独立変数と積分変数は上のように別の文字を使って表すのが望ましい．

定理 4.4.4 (微分積分学の基本定理) 閉区間 $[a,b]$ で定義された連続関数 $f(x)$ に対し，$x \in [a,b]$ とし，関数 $F(x) = \int_a^x f(t)\,dt$ を考える．このとき，

$$F'(x) = \frac{d}{dx}\int_a^x f(t)\,dt = f(x)$$

が成り立つ．すなわち，$F(x)$ は $f(x)$ の原始関数である．

[証明] h を十分 0 に近い数とする．命題 4.4.2(2) より，

$$F(x+h) = \int_a^{x+h} f(t)\,dt = \int_a^x f(t)\,dt + \int_x^{x+h} f(t)\,dt$$

であるから

$$\int_x^{x+h} f(t)\,dt = F(x+h) - F(x)$$

と表せる．したがって定理 4.4.3 (積分の平均値の定理) より，

$$\frac{F(x+h)-F(x)}{h} = f(c) \qquad (x < c < x+h)$$

となる c が少なくとも 1 つ存在する．ここで $h \to 0$ とすると $c \to x$ であることに注意すると，

$$F'(x) = \lim_{h\to 0}\frac{F(x+h)-F(x)}{h} = \lim_{h\to 0} f(c) = f(x)$$

を得る． ■

定理 4.4.4 の帰結として，次の定理も得られる．この定理を「微積分学の基本定理」とよぶことも多い．

定理 4.4.5 $f(x)$ を閉区間 $[a,b]$ で定義された連続関数とし，$F(x)$ を $f(x)$ の原始関数とするとき，

$$\int_a^b f(x)\,dx = F(b) - F(a)$$

が成り立つ．

[証明] 定理 4.4.4 より，関数 $F_0(x) = \int_a^x f(t)\,dt$ は $f(x)$ の原始関数であり，

$f(x)$ の任意の原始関数 $F(x)$ は，ある定数 C を用いて

$$F(x) = F_0(x) + C$$

と表せる．ここで $F_0(a) = \displaystyle\int_a^a f(t)\,dt = 0$ であるから，

$$F(a) = F_0(a) + C = C$$

となる．したがって $F(x) = F_0(x) + F(a)$ が成り立ち，これに $x = b$ を代入すると

$$F_0(b) = \int_a^b f(x)\,dx = F(b) - F(a)$$

を得る． ■

●注意 定理 4.4.5 において現れた $F(b) - F(a)$ は，しばしば $\Big[F(x)\Big]_a^b$ と書かれる．

例題 4.4.2 極限値 $\displaystyle\lim_{n\to\infty}\frac{1}{\sqrt{n}}\sum_{k=1}^{n}\frac{1}{\sqrt{n+k}}$ を求めよ．

［解答］ $\displaystyle\frac{1}{\sqrt{n}}\sum_{k=1}^{n}\frac{1}{\sqrt{n+k}} = \frac{1}{n}\sum_{k=1}^{n}\frac{1}{\sqrt{1+\dfrac{k}{n}}}$ であるから，$f(x) = \dfrac{1}{\sqrt{1+x}}$ とおくと，

$$\begin{aligned}\lim_{n\to\infty}\frac{1}{\sqrt{n}}\sum_{k=1}^{n}\frac{1}{\sqrt{n+k}} &= \lim_{n\to\infty}\frac{1}{n}\sum_{k=1}^{n}f\left(\frac{k}{n}\right) = \int_0^1 f(x)\,dx \\ &= \Big[2\sqrt{1+x}\Big]_0^1 = 2(\sqrt{2}-1).\end{aligned}$$ ■

定理 4.4.5 により，関数 $f(x)$ の原始関数 $F(x)$ が知られている場合ならば，直ちに定積分 $\displaystyle\int_a^b f(x)\,dx$ を計算することができる．すでに 4.1 節においてさまざまな関数の原始関数を求めているので，これでいろいろな関数の定積分を計算できるようになった．

なお，定理 4.4.4 は，“連続関数に対しては必ずその原始関数が存在すること” も保証している．関数によっては定積分の計算ができない場合があるが，それは原始関数が初等的な関数で表せないだけであり，原始関数が存在しないわけではない．

また，4.2 節で述べた置換積分法・部分積分法を定積分の計算にも応用することができる．

命題 4.4.6 (定積分の**置換積分法**) 関数 $f(x)$ は閉区間 $[a,b]$ で連続で, $x=\varphi(t)$ は t に関して C^1 級関数であるとする. このとき,

$$\int_a^b f(x)\,dx = \int_\alpha^\beta f(\varphi(t))\varphi'(t)\,dt \qquad (a=\varphi(\alpha),\ b=\varphi(\beta))$$

が成り立つ.

命題 4.4.7 (定積分の**部分積分法**) 関数 $f(x), g(x)$ がともに C^1 級であるとする. このとき,

$$\int_a^b f'(x)g(x)\,dx = \Big[f(x)g(x)\Big]_a^b - \int_a^b f(x)g'(x)\,dx$$

が成り立つ.

演 習 問 題

4.4.1 次の極限値を求めよ.

(1) $\displaystyle\lim_{n\to\infty}\sum_{k=1}^{n}\frac{1}{n+k}$ (2) $\displaystyle\lim_{n\to\infty}\frac{1}{n\sqrt{n}}\sum_{k=1}^{n}\sqrt{k}$ (3) $\displaystyle\lim_{n\to\infty}\frac{1}{n^2}\sum_{k=1}^{n-1}\sqrt{n^2-k^2}$

4.4.2 次の定積分を求めよ.

(1) $\displaystyle\int_0^1 \frac{x+2}{x^2+x+1}\,dx$ (2) $\displaystyle\int_1^2 \frac{1}{x(x^2+3)}\,dx$ (3) $\displaystyle\int_0^{\frac{\pi}{2}} \frac{\cos x}{1+\sin^2 x}\,dx$

(4) $\displaystyle\int_0^1 e^{x^2}x^3\,dx$ (5) $\displaystyle\int_1^2 x^2\log x\,dx$ (6) $\displaystyle\int_0^1 \log(1+x^2)\,dx$

4.4.3 $n=0,1,2,\ldots$ に対し, $I_n^* = \displaystyle\int_0^{\frac{\pi}{2}}\sin^n x\,dx$, $J_n^* = \displaystyle\int_0^{\frac{\pi}{2}}\cos^n x\,dx$ とおく.

(1) 次の等式が成り立つことを示せ.

$$I_n^* = J_n^* = \begin{cases} \dfrac{n-1}{n}\cdot\dfrac{n-3}{n-2}\cdots\dfrac{3}{4}\cdot\dfrac{1}{2}\cdot\dfrac{\pi}{2} & (n\text{ が偶数}) \\[2ex] \dfrac{n-1}{n}\cdot\dfrac{n-3}{n-2}\cdots\dfrac{4}{5}\cdot\dfrac{2}{3}\cdot 1 & (n\text{ が奇数}). \end{cases}$$

(2) (1) を利用して, $\displaystyle\int_0^{\frac{\pi}{2}}\sin^7 x\,dx$, $\displaystyle\int_0^{\frac{\pi}{2}}\cos^8 x\,dx$ の値をそれぞれ求めよ.

4.4.4 m, n を 0 または正の整数とするとき, 次の定積分を求めよ.

(1) $\displaystyle\int_0^{2\pi}\sin mx\sin nx\,dx$ (2) $\displaystyle\int_0^{2\pi}\sin mx\cos nx\,dx$

(3) $\displaystyle\int_0^{2\pi} \cos mx \cos nx\, dx$

4.4.5 $f(x)$ を連続関数とするとき，次の導関数を求めよ．

(1) $\displaystyle\frac{d}{dx}\int_{1-x^2}^{1+x^3} f(t)\, dt$ (2) $\displaystyle\frac{d}{dx}\int_1^{x^2} f(t)\, dt$ (3) $\displaystyle\frac{d}{dx}\int_1^{x} (x-t)f'(t)\, dt$

4.5 広義積分

4.4 節では，関数 $f(x)$ が閉区間 $[a,b]$ において連続であると仮定したうえで定積分 $\displaystyle\int_a^b f(x)\, dx$ を定義した．本節ではこの定積分の概念を少し拡張し，次のような場合を考える．

(I) $f(x)$ が $[a,b]$ で有限個の不連続点をもつ場合，

(II) $f(x)$ が $[a,+\infty)$ のような無限区間で定義されている場合．

このような場合も，定義を少し修正することで，定積分を考えることができる．

4.5.1 有限区間における広義積分

まず，半開区間 $(a,b]$ では連続であるが閉区間 $[a,b]$ では連続でないような関数の定積分 $\displaystyle\int_a^b f(x)\, dx$ について考える．

○**例 4.5.1** 関数 $f(x)=\dfrac{1}{\sqrt{x}}$ を考えよう．$f(x)$ は $\displaystyle\lim_{x\to+0} f(x)=+\infty$ であり，$x=0$ では定義されていないから，これまでの定積分の定義では，

$$\int_0^1 \frac{1}{\sqrt{x}}\, dx \tag{4.5.1}$$

を考えることはできない．しかし $x>0$ では $f(x)$ は連続であるので，ε を十分 0 に近い正の実数として，定積分

$$\int_\varepsilon^1 \frac{1}{\sqrt{x}}\, dx$$

を考えることはできる (図 4.5)．そこで，ε を 0 に近づけたときの定積分の極限値を，0 から 1 までの積分の値と定義する．これによって，式 (4.5.1) を次のように計算することができる．

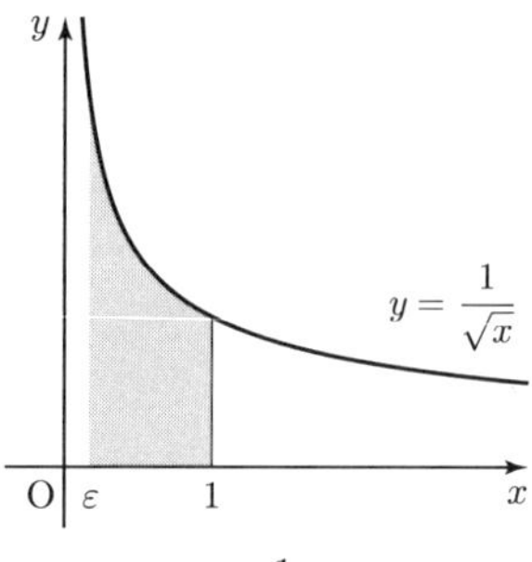

図 4.5 $y = \dfrac{1}{\sqrt{x}}$ の広義積分

$$\int_0^1 \frac{1}{\sqrt{x}}\,dx = \lim_{\varepsilon\to+0}\int_\varepsilon^1 \frac{1}{\sqrt{x}}\,dx = \lim_{\varepsilon\to+0}\Big[2\sqrt{x}\Big]_\varepsilon^1 = \lim_{\varepsilon\to+0}(2-2\sqrt{\varepsilon}) = 2.$$

例 4.5.1 のように，閉区間の端点で不連続であるような関数 $f(x)$ の定積分の概念を，次のように拡張する．

(a) 半開区間 $(a,b]$ で連続な関数 $f(x)$ に対して，極限値 $\displaystyle\lim_{\varepsilon\to+0}\int_{a+\varepsilon}^b f(x)\,dx$ が存在するならば，

$$\int_a^b f(x)\,dx = \lim_{\varepsilon\to+0}\int_{a+\varepsilon}^b f(x)\,dx$$

と定義する．

(b) 半開区間 $[a,b)$ で連続な関数 $f(x)$ に対して，極限値 $\displaystyle\lim_{\varepsilon\to+0}\int_a^{b-\varepsilon} f(x)\,dx$ が存在するならば，

$$\int_a^b f(x)\,dx = \lim_{\varepsilon\to+0}\int_a^{b-\varepsilon} f(x)\,dx$$

と定義する．

このように定義された積分を**広義積分**という．

○例 **4.5.2** (1) 関数 $\dfrac{1}{\sqrt{1-x^2}}$ は半開区間 $[0,1)$ で連続であるから (図 4.6)，

$$\int_0^1 \frac{1}{\sqrt{1-x^2}}\,dx = \lim_{\varepsilon\to+0}\int_0^{1-\varepsilon}\frac{1}{\sqrt{1-x^2}}\,dx$$
$$= \lim_{\varepsilon\to+0}\Big[\sin^{-1}x\Big]_0^{1-\varepsilon} = \lim_{\varepsilon\to+0}\sin^{-1}(1-\varepsilon) = \frac{\pi}{2}.$$

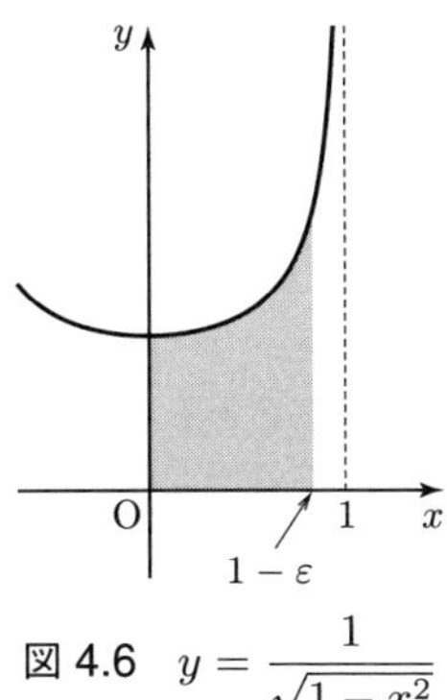

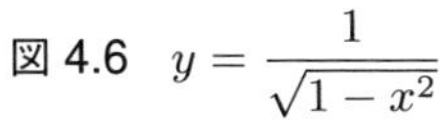
図 4.6 $y = \dfrac{1}{\sqrt{1-x^2}}$

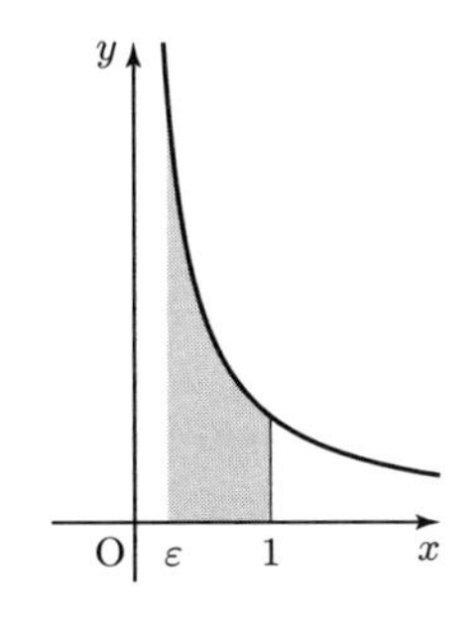

図 4.7 $y = \dfrac{1}{x}$

(2) 関数 $\dfrac{1}{x}$ は半開区間 $(0, 1]$ で連続であるから (図 4.7),

$$\int_0^1 \frac{1}{x}\,dx = \lim_{\varepsilon \to +0} \int_\varepsilon^1 \frac{1}{x}\,dx = \lim_{\varepsilon \to +0} \Big[\log|x|\Big]_\varepsilon^1 = \lim_{\varepsilon \to +0} \log\frac{1}{\varepsilon} = +\infty.$$

例 4.5.1 や例 4.5.2(1) のように，広義積分を定義する極限が存在して有限の値に定まるとき，この広義積分は**収束する**という．一方，例 4.5.2(2) のように極限値が存在しないときは，広義積分は**発散する**という．

さらに，関数 $f(x)$ が，開区間 (a, b) 内に有限個の不連続点 $c_1, c_2, \ldots, c_n$ をもつときにも広義積分を考えることができる．この場合は，開区間 (a, b) を $c_1, c_2, \ldots, c_n$ で分割し，各区間で広義積分を考える．すべての広義積分が収束するときに，

$$\int_a^b f(x)\,dx = \int_a^{c_1} f(x)\,dx + \int_{c_1}^{c_2} f(x)\,dx + \cdots + \int_{c_n}^b f(x)\,dx$$

と定義する．

例題 4.5.1 広義積分 $\displaystyle\int_{-2}^1 \frac{1}{\sqrt{|x|}}\,dx$ を求めよ．

[解答] 関数 $\dfrac{1}{\sqrt{|x|}}$ は $x = 0$ で不連続であるから，

$$\begin{aligned}\int_{-2}^1 \frac{1}{\sqrt{|x|}}\,dx &= \int_{-2}^0 \frac{1}{\sqrt{-x}}\,dx + \int_0^1 \frac{1}{\sqrt{x}}\,dx \\ &= \lim_{\varepsilon_1 \to +0} \int_{-2}^{-\varepsilon_1} \frac{1}{\sqrt{-x}}\,dx + \lim_{\varepsilon_2 \to +0} \int_{\varepsilon_2}^1 \frac{1}{\sqrt{x}}\,dx\end{aligned}$$

$$
\begin{aligned}
&= \lim_{\varepsilon_1 \to +0} \Big[-2\sqrt{-x}\Big]_{-2}^{-\varepsilon_1} + \lim_{\varepsilon_2 \to +0} \Big[2\sqrt{x}\Big]_{\varepsilon_2}^{1} \\
&= \lim_{\varepsilon_1 \to +0} (-2\sqrt{\varepsilon_1} + 2\sqrt{2}) + \lim_{\varepsilon_2 \to +0} (2 - 2\sqrt{\varepsilon_2}) \\
&= 2\sqrt{2} + 2.
\end{aligned}
$$
■

●**注意** 例題 4.5.1 のように，不連続点が積分区間の内部のみにあるときは，広義積分であることを見落としやすいので注意が必要である．また，各区間での広義積分が発散している場合には，例題 4.5.1 のような計算はできない．たとえば，$\displaystyle\int_{-1}^{1} \frac{1}{x}\,dx$ を次のように計算するのは，いずれも誤りである．

誤答例 1. $\displaystyle\int_{-1}^{1} \frac{1}{x}\,dx = \Big[\log|x|\Big]_{-1}^{1} = 0 - 0 = 0.$

誤答例 2. $\dfrac{1}{x}$ は $x = 0$ で不連続であるから，

$$
\begin{aligned}
\int_{-1}^{1} \frac{1}{x}\,dx &= \lim_{\varepsilon \to +0} \int_{-1}^{-\varepsilon} \frac{1}{x}\,dx + \lim_{\varepsilon \to +0} \int_{\varepsilon}^{1} \frac{1}{x}\,dx \\
&= \lim_{\varepsilon \to +0} \Big[\log|x|\Big]_{-1}^{-\varepsilon} + \lim_{\varepsilon \to +0} \Big[\log|x|\Big]_{\varepsilon}^{1} \\
&= \lim_{\varepsilon \to +0} \log\varepsilon - \lim_{\varepsilon \to +0} \log\varepsilon = 0.
\end{aligned}
$$

実際には，この積分は

$$
\begin{aligned}
\int_{-1}^{1} \frac{1}{x}\,dx &= \lim_{\varepsilon_1 \to +0} \int_{-1}^{-\varepsilon_1} \frac{1}{x}\,dx + \lim_{\varepsilon_2 \to +0} \int_{\varepsilon_2}^{1} \frac{1}{x}\,dx \\
&= \lim_{\varepsilon_1 \to +0} \Big[\log|x|\Big]_{-1}^{-\varepsilon_1} + \lim_{\varepsilon_2 \to +0} \Big[\log|x|\Big]_{\varepsilon_2}^{1} \\
&= \lim_{\varepsilon_1 \to +0} \log\varepsilon_1 - \lim_{\varepsilon_2 \to +0} \log\varepsilon_2
\end{aligned}
$$

と考えるべきである．$\varepsilon_1, \varepsilon_2$ が独立に動くとき，上の極限値は 1 つの値に定まらない．したがって，この広義積分は存在しない．

4.5.2 無限区間における広義積分

関数の定義域が無限に広がっているような場合でも，次のようにして定積分の概念を拡張する．

(a) 半開区間 $[a, \infty)$ で連続な関数 $f(x)$ に対して，極限値 $\displaystyle\lim_{R \to \infty} \int_a^R f(x)\,dx$ が存在するならば，

$$\int_a^{\infty} f(x)\,dx = \lim_{R\to\infty}\int_a^R f(x)\,dx$$

と定義する．

(b) 半開区間 $(-\infty, b]$ で連続な関数 $f(x)$ に対して，極限値 $\displaystyle\lim_{R\to\infty}\int_{-R}^{b} f(x)\,dx$ が存在するならば，

$$\int_{-\infty}^{b} f(x)\,dx = \lim_{R\to\infty}\int_{-R}^{b} f(x)\,dx$$

と定義する．

このように定義された積分も**広義積分** (あるいは**無限積分**) という．4.5.1 項で述べた広義積分と同様に，右辺の極限値が存在するとき，この広義積分は**収束する**という．極限値が存在しないときは，広義積分は**発散する**という．

○例 **4.5.3**　(1)

$$\int_0^{\infty} e^{-x}\,dx = \lim_{R\to\infty}\int_0^R e^{-x}\,dx = \lim_{R\to\infty}\Big[-e^{-x}\Big]_0^R = \lim_{R\to\infty}(1-e^{-R}) = 1.$$

(2)

$$\int_0^{\infty}\frac{1}{1+x^2}\,dx = \lim_{R\to\infty}\int_0^R \frac{1}{1+x^2}\,dx = \lim_{R\to\infty}\Big[\tan^{-1}x\Big]_0^R = \lim_{R\to\infty}\tan^{-1}R = \frac{\pi}{2}.$$

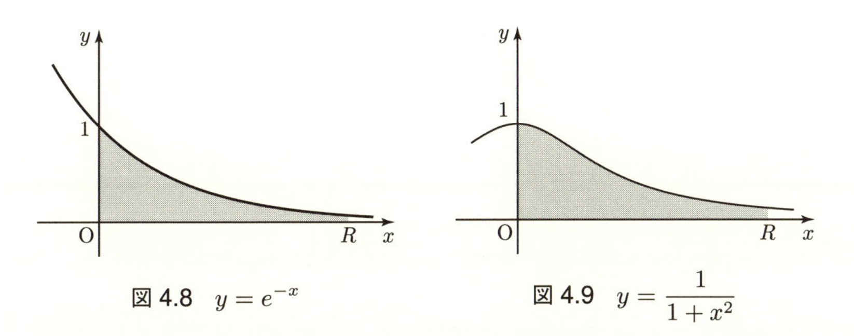

図 4.8　$y = e^{-x}$　　図 4.9　$y = \dfrac{1}{1+x^2}$

例題 4.5.2　広義積分 $\displaystyle\int_1^{\infty}\frac{1}{x^{\alpha}}\,dx$ を求めよ．

[解答]　α の値によって場合分けをする．

(i) $\alpha \neq 1$ のとき，

$$\int_1^\infty \frac{1}{x^\alpha}\,dx = \lim_{R\to\infty}\int_1^R x^{-\alpha}\,dx = \lim_{R\to\infty}\left[\frac{1}{1-\alpha}x^{1-\alpha}\right]_1^R$$
$$= \lim_{R\to\infty}\frac{1}{1-\alpha}(R^{1-\alpha}-1) = \begin{cases} \dfrac{1}{\alpha-1} & (\alpha > 1) \\ \infty & (\alpha < 1) \end{cases}$$

となる.

(ii) $\alpha = 1$ のとき，

$$\int_1^\infty \frac{1}{x}\,dx = \lim_{R\to\infty}\int_1^R \frac{1}{x}\,dx = \lim_{R\to\infty}\Big[\log|x|\Big]_1^R = \lim_{R\to\infty}\log R = \infty$$

となる.

以上より，

$$\int_1^\infty \frac{1}{x^\alpha}\,dx = \begin{cases} \dfrac{1}{\alpha-1} & (\alpha > 1) \\ \infty & (\alpha \leqq 1) \end{cases}$$

となる. ■

4.5.3 広義積分の収束判定法

4.5.1 項や 4.5.2 項では，広義積分の値を実際に計算することで，それが収束するか発散するかを知ることができた．しかし，具体的な値を計算しなくても，以下に述べるような方法で広義積分が収束・発散を判定することができる.

関数 $f(x)$ の有限または無限の区間 I における広義積分を $\displaystyle\int_I f(x)\,dx$ と表す.

定理 4.5.1 関数 $f(x)$, $g(x)$ は有限または無限のある区間 I においてつねに $f(x) \geqq g(x) \geqq 0$ を満たすとする.

(1) 広義積分 $\displaystyle\int_I f(x)\,dx$ が収束するならば，$\displaystyle\int_I g(x)\,dx$ も収束する.

(2) 広義積分 $\displaystyle\int_I g(x)\,dx$ が発散するならば，$\displaystyle\int_I f(x)\,dx$ も発散する.

証明は省略する.

例題 4.5.3 (ガンマ関数)　$s>0$ とするとき, 広義積分 $\Gamma(s)=\displaystyle\int_0^\infty e^{-x}x^{s-1}\,dx$ は収束することを示せ.

[解答]　関数 $x^{s-1}e^{-x}$ は, $s \geqq 1$ ならば $x \geqq 0$ において定義されるが, $0<s<1$ のときは $x=0$ において定義されない. このことに注意し, s の値によって場合分けして考える.

$s \geqq 1$ のとき： $\displaystyle\lim_{x\to\infty}\frac{x^{s-1}}{e^{\frac{x}{2}}}=0$ であるから,「$x \geqq M$ ならば $x^{s-1}e^{-\frac{x}{2}} \leqq 1$」となるような正の実数 M が存在する. このとき, $x \geqq M$ において

$$x^{s-1}e^{-x} \leqq e^{-\frac{x}{2}}$$

が成り立つ. ここで

$$\begin{aligned}\int_M^\infty e^{-\frac{x}{2}}\,dx = \lim_{R\to\infty}\int_M^R e^{-\frac{x}{2}}\,dx &= \lim_{R\to\infty}\left[-2e^{\frac{x}{2}}\right]_M^R \\ &= \lim_{R\to\infty} 2(e^{-\frac{M}{2}}-e^{-\frac{R}{2}}) = 2e^{-\frac{M}{2}}\end{aligned}$$

であり, $\displaystyle\int_M^\infty e^{-\frac{x}{2}}\,dx$ は収束するから, 定理 4.5.1 より $\displaystyle\int_M^\infty e^{-x}x^{s-1}\,dx$ も収束する. いま,

$$\Gamma(s)=\int_0^M e^{-x}x^{s-1}\,dx+\int_M^\infty e^{-x}x^{s-1}\,dx$$

であることに注意すると, 式 (4.5.2) の第 1 項は通常の積分であり, 第 2 項は上に述べたように収束する. したがって, $\Gamma(s)$ も収束する.

$0<s<1$ のとき： $\Gamma(s)$ は

$$\Gamma(s)=\int_0^1 e^{-x}x^{s-1}\,dx+\int_1^\infty e^{-x}x^{s-1}\,dx$$

と 2 つの広義積分の和として表せる. 上の式の第 2 項の積分は, $s \geqq 1$ のときと同じようにして収束することが証明できる. また, $x>0$ のとき $e^{-x}<1$ であることに注意すると, $0<x\leqq 1$ のとき

$$e^{-x}x^{s-1}<\frac{1}{x^{1-s}}$$

が成り立つ.

$$\int_0^1\frac{1}{x^{1-s}}\,dx=\lim_{\varepsilon\to+0}\int_\varepsilon^1\frac{1}{x^{1-s}}\,dx=\lim_{\varepsilon\to+0}\left[\frac{x^s}{s}\right]_\varepsilon^1=\lim_{\varepsilon\to+0}\frac{1}{s}(1-\varepsilon^s)=\frac{1}{s}$$

であるから，定理 4.5.1 より $\int_0^1 e^{-x}x^{s-1}\,dx$ は収束する．したがって，この場合も $\Gamma(s)$ は収束する．■

●**注意** (1) 例題 4.5.3 の $\Gamma(s)$ は**ガンマ関数**とよばれ，次のような顕著な性質をもつ．ε, R を $0 < \varepsilon < R$ を満たす実数とすると，定理 4.2.2 より

$$\int_\varepsilon^R e^{-x}x^s\,dx = \Big[-e^{-x}x^s\Big]_\varepsilon^R + \int_\varepsilon^R e^{-x}sx^{s-1}\,dx$$

が成り立つので，$\displaystyle\lim_{\substack{R\to\infty \\ \varepsilon\to+0}}\Big[-e^{-x}x^s\Big]_\varepsilon^R = 0$ に注意すると，

$$\Gamma(s+1) = \int_0^\infty e^{-x}x^s\,dx = s\int_0^\infty e^{-x}x^{s-1}\,dx = s\Gamma(s) \tag{4.5.2}$$

が成り立つことがわかる．特に自然数 n に対し，式 (4.5.2) を繰り返し用いることで，

$$\Gamma(n+1) = n\Gamma(n) = n(n-1)\Gamma(n-1) = \cdots = n!\,\Gamma(1)$$

が成り立つ．

$$\Gamma(1) = \int_0^\infty e^{-x}\,dx = 1$$

であるから，

$$\Gamma(n+1) = n!$$

を得る．

(2) ガンマ関数のほかに，広義積分を使って定義される関数として**ベータ関数**がある．これは $p > 0,\ q > 0$ に対し，

$$B(p,q) = \int_0^1 x^{p-1}(1-x)^{q-1}\,dx$$

で定義される．

演習問題

4.5.1 次の広義積分を求めよ．

(1) $\displaystyle\int_0^1 \frac{x}{\sqrt{1-x}}\,dx$　(2) $\displaystyle\int_0^1 \log x\,dx$　(3) $\displaystyle\int_{-1}^0 \frac{x}{\sqrt{1-x^2}}\,dx$

(4) $\displaystyle\int_0^1 \frac{1}{\sqrt{x(1-x)}}\,dx$　(5) $\displaystyle\int_0^1 \log\frac{1-x}{x}\,dx$　(6) $\displaystyle\int_0^1 \sqrt{\frac{x}{1-x}}\,dx$

(7) $\displaystyle\int_1^\infty \frac{1}{x(1+x^2)}\,dx$　(8) $\displaystyle\int_0^\infty xe^{-x}\,dx$　(9) $\displaystyle\int_0^\infty \frac{1}{e^x+1}\,dx$

(10) $\displaystyle\int_1^\infty \frac{\log x}{x^2}\,dx$　(11) $\displaystyle\int_0^\infty e^{-x}\sin x\,dx$　(12) $\displaystyle\int_1^\infty \frac{\tan^{-1}x}{x^2}\,dx$

4.5.2 α を実数とするとき，

$$\int_0^1 \frac{1}{x^\alpha}\,dx = \begin{cases} \dfrac{1}{1-\alpha} & (\alpha < 1) \\ \infty & (\alpha \geqq 1) \end{cases}$$

が成り立つことを示せ．

4.5.3 次の広義積分の収束・発散を判定せよ．

(1) $\displaystyle\int_0^{\frac{\pi}{2}} \tan x\,dx$　(2) $\displaystyle\int_1^{\infty} \frac{\sin x}{x^2}\,dx$　(3) $\displaystyle\int_0^1 \frac{e^x}{x}\,dx$　(4) $\displaystyle\int_0^1 \frac{e^{-x}}{\sqrt{x}}\,dx$

4.5.4 $p > 0,\ q > 0$ とする．ベータ関数

$$B(p,q) = \int_0^1 x^{p-1}(1-x)^{q-1}\,dx$$

について次の問いに答えよ．

(1) 広義積分 $B(p,q)$ は収束することを示せ．

(2) $B(p,q) = B(q,p)$ が成り立つことを示せ．

(3) m, n を自然数とするとき，

$$B(m,n) = \frac{(m-1)!(n-1)!}{(m+n+1)!}$$

が成り立つことを示せ．

4.6　積分の応用

積分を用いることで，さまざまな図形の面積や立体の体積，曲線の長さなどを求めることができる．

4.6.1　面積・体積の計算

まず，定積分の定義から，2 つの曲線に挟まれた領域の面積は次の定理によって求められることがわかる．

定理 4.6.1　$f(x)$, $g(x)$ をともに閉区間 $[a,b]$ で連続な関数とする．曲線 $y = f(x)$ と $y = g(x)$，直線 $x = a$ と $x = b$ で囲まれた領域の面積は

$$\int_a^b |f(x) - g(x)|\,dx$$

で与えられる (図 4.10)．

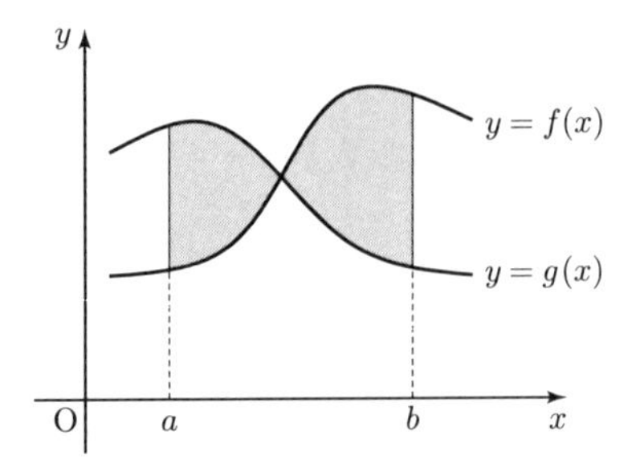

図 4.10　曲線に挟まれた領域

例題 4.6.1　2 曲線 $y = \dfrac{x^2}{2},\ y = \dfrac{1}{1+x^2}$ で囲まれた領域の面積 S を求めよ (図 4.11).

[解答]　2 つの曲線の交点は，$\left(1, \dfrac{1}{2}\right), \left(-1, -\dfrac{1}{2}\right)$ と求まる．$-1 \leqq x \leqq 1$ においては曲線 $y = \dfrac{1}{1+x^2}$ が曲線 $y = \dfrac{x^2}{2}$ より上側にあることに注意すると，

$$
\begin{aligned}
S &= \int_{-1}^{1} \left(\frac{1}{1+x^2} - \frac{x^2}{2} \right) dx = 2 \int_0^1 \left(\frac{1}{1+x^2} - \frac{x^2}{2} \right) dx \\
&= 2 \left[\tan^{-1} x - \frac{x^3}{6} \right]_0^1 = \frac{\pi}{2} - \frac{1}{3}.
\end{aligned}
$$

■

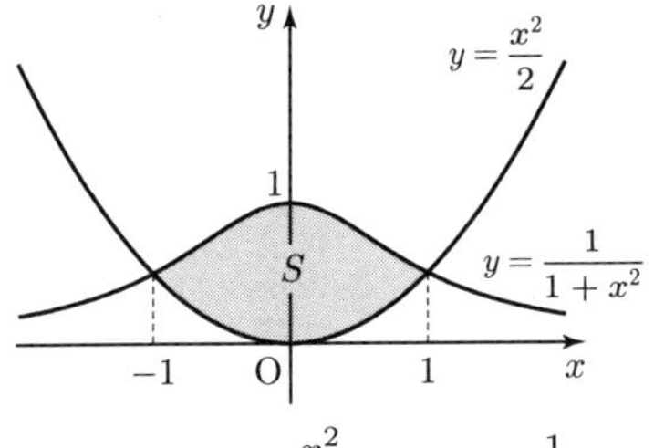

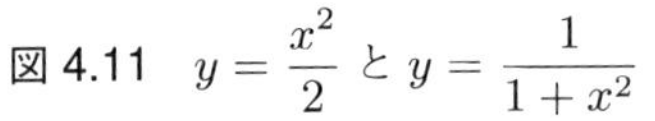
図 4.11　$y = \dfrac{x^2}{2}$ と $y = \dfrac{1}{1+x^2}$

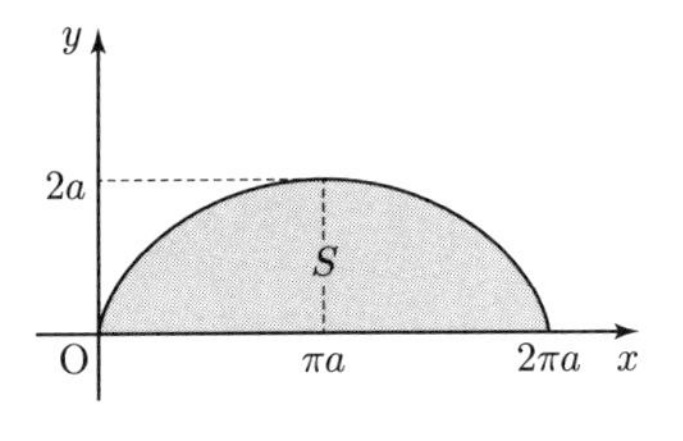

図 4.12　サイクロイド

t に関する連続関数 $x(t), y(t)$ $(\alpha \leqq t \leqq \beta)$ に対し，点 $(x(t), y(t))$ は t が動くと xy 平面上の曲線を描く．このように表される曲線を**媒介変数表示された曲線**という．

例題 4.6.2 a を正の定数とする．変数 θ によって媒介変数表示された曲線

$$\begin{cases} x = a(\theta - \sin\theta) \\ y = a(1 - \cos\theta) \end{cases} \quad (0 \leqq \theta \leqq 2\pi)$$

と x 軸が囲む部分の面積 S を求めよ (図 4.12).

［解答］ $0 \leqq \theta \leqq 2\pi$ においてつねに $y \geqq 0$ であるから，

$$\begin{aligned} S = \int_0^{2\pi a} y\,dx &= \int_0^{2\pi} a(1-\cos\theta)\cdot\frac{dx}{d\theta}\,d\theta = a^2\int_0^{2\pi}(1-\cos\theta)^2\,d\theta \\ &= a^2\int_0^{2\pi}(1 - 2\cos\theta + \cos^2\theta)\,d\theta \\ &= a^2\left[\theta - 2\sin\theta + \frac{1}{2}\theta + \frac{1}{4}\sin 2\theta\right]_0^{2\pi} = 3\pi a^2. \end{aligned}$$

■

●**注意** 例題 4.6.2 の曲線は**サイクロイド**とよばれる．これは円を直線上で転がしたとき，円周上のある定点が描く軌跡になっている．

定積分を用いて立体の体積を求めることもできる．x 座標が $a \leqq x \leqq b$ の範囲にある立体に対し，x 軸に垂直な平面で切った切り口の面積が $S(x)$ であるとする．区分求積法の考え方を応用すれば，この立体の体積は

$$\int_a^b S(x)\,dx$$

で与えられることがわかる．したがって，次の定理が成り立つ．

定理 4.6.2 $f(x)$ を閉区間 $[a, b]$ で連続な関数とする．曲線 $y = f(x)$ と直線 $x = a$, $x = b$ で囲まれた領域を x 軸のまわりに回転させてできる回転体の体積 V は

$$V = \pi\int_a^b f(x)^2\,dx$$

で与えられる．

例題 4.6.3 $a > 0$ とする．曲線 $y = ax^2$ と直線 $x = -1$, $x = 1$ で囲まれた領域を x 軸のまわりに回転させてできる回転体の体積を求めよ．

［解答］ 求める体積を V とすると，

$$V=\pi\int_{-1}^{1}(ax^2)^2\,dx=2\pi a^2\int_0^1 x^4\,dx=\frac{2\pi a^2}{5}.$$ ■

4.6.2 曲線の長さ

平面上の2点A, Bに対し，点Aを始点とし，点Bを終点とするような曲線Cを考える．定積分を用いると，この曲線の「長さ」を求めることができる．

まず，曲線の「長さ」とは何かを定義する必要がある．まず$\mathrm{P}_0=\mathrm{A}, \mathrm{P}_n=\mathrm{B}$とし，点$\mathrm{P}_1,\ldots,\mathrm{P}_{n-1}$を点Aから点Bに向かって順に曲線$C$上にとる(図4.13)．点$\mathrm{P}_0,\mathrm{P}_1,\ldots,\mathrm{P}_n$によって，曲線$C$は$n$個の曲線に分割される．各線分$\mathrm{P}_{i-1}\mathrm{P}_i$ $(i=1,\ldots,n)$に対してはその長さ$\overline{\mathrm{P}_{i-1}\mathrm{P}_i}$を定義できるから，それらの総和

$$\sum_{i=1}^{n}\overline{\mathrm{P}_{i-1}\mathrm{P}_i}\ \left(=\overline{\mathrm{P}_0\mathrm{P}_1}+\overline{\mathrm{P}_1\mathrm{P}_2}+\cdots+\overline{\mathrm{P}_{n-1}\mathrm{P}_n}\right)$$

を考えることができる．いま，$\displaystyle\max_{1\leqq i\leqq n}\overline{\mathrm{P}_{i-1}\mathrm{P}_i}\to 0$となるように曲線$C$の分割を細かくしていくとき，線分の長さの総和$\displaystyle\sum_{i=1}^{n}\overline{\mathrm{P}_{i-1}\mathrm{P}_i}$が有限のある値$L$に定まるならば，その$L$を曲線$C$の**長さ**という．

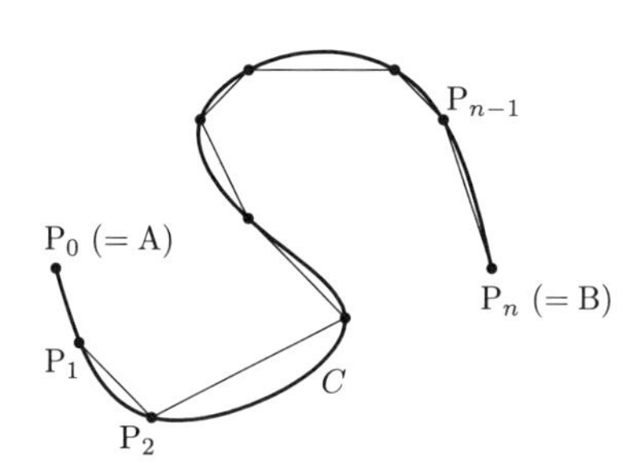

図4.13 曲線の長さ

ここではまず，媒介変数表示された曲線の長さについて考える．

定理 4.6.3 関数$x(t), y(t)$はともに閉区間$[\alpha,\beta]$においてC^1級であるとする．このとき，媒介変数表示された曲線$C: x=x(t), y=y(t)$ $(\alpha\leqq t\leqq\beta)$の長さ$L$は，

$$L=\int_\alpha^\beta\sqrt{\left(x'(t)\right)^2+\left(y'(t)\right)^2}\,dt$$

で与えられる.

[証明] 閉区間 $[\alpha, \beta]$ の分割 $\Delta = \{t_0, t_1, \ldots, t_n\}$ をとることにより，曲線 C は点 $\mathrm{P}_i(x(t_i), y(t_i))$ $(i = 0, 1, \ldots, n)$ によって n 個の曲線に分割される．各線分 $\mathrm{P}_{i-1}\mathrm{P}_i$ $(i = 1, \ldots, n)$ の長さは

$$\overline{\mathrm{P}_{i-1}\mathrm{P}_i} = \sqrt{\bigl(x(t_i) - x(t_{i-1})\bigr)^2 + \bigl(y(t_i) - y(t_{i-1})\bigr)^2}$$

と表せる．ここで，平均値の定理 (定理 3.4.3) より，

$$x(t_i) - x(t_{i-1}) = x'(\xi_i)(t_i - t_{i-1}),$$
$$y(t_i) - y(t_{i-1}) = y'(\eta_i)(t_i - t_{i-1})$$

となるような ξ_i, η_i が，開区間 (t_{i-1}, t_i) 内にそれぞれ存在する．したがって線分の長さの総和は，ξ_i, η_i を用いて

$$\sum_{i=1}^{n} \overline{\mathrm{P}_{i-1}\mathrm{P}_i} = \sum_{i=1}^{n} \sqrt{\bigl(x'(\xi_i)\bigr)^2 + \bigl(y'(\eta_i)\bigr)^2}(t_i - t_{i-1}) \tag{4.6.1}$$

と表せる．仮定より $x(t), y(t)$ は C^1 級であったから，$x'(t), y'(t)$ は連続関数であり，したがって $\sqrt{\bigl(x'(t)\bigr)^2 + \bigl(y'(t)\bigr)^2}$ も連続関数である．したがって，式 (4.6.1) の右辺はリーマン和であることに注意すると，$||\Delta|| \to 0$ としたときにこれは $\displaystyle\int_\alpha^\beta \sqrt{\bigl(x'(t)\bigr)^2 + \bigl(y'(t)\bigr)^2}\,dt$ に収束する． ■

$f(x)$ を連続な関数とすると，曲線 $y = f(x)$ は

$$\begin{cases} x = t \\ y = f(t) \end{cases}$$

と考えることにより，媒介変数表示された曲線とみなすことができる．したがって，定理 4.6.3 からただちに次の定理も成り立つことがわかる．

定理 4.6.4 関数 $f(x)$ は閉区間 $[a, b]$ において C^1 級であるとする．このとき，曲線 $y = f(x)$ $(a \leqq x \leqq b)$ の長さ L は，

$$L = \int_a^b \sqrt{1 + \left(\frac{dy}{dx}\right)^2}\,dx = \int_a^b \sqrt{1 + \bigl(f'(x)\bigr)^2}\,dx$$

で与えられる．

例題 4.6.4 a を正の実数とするとき，次の曲線の長さを求めよ．

(1) $\begin{cases} x = a\cos^3\theta \\ y = a\sin^3\theta \end{cases}$ $(0 \leqq \theta \leqq 2\pi)$ （図 4.14）

(2) $y = \dfrac{a}{2}\left(e^{\frac{x}{a}} + e^{-\frac{x}{a}}\right)$ $(-a \leqq x \leqq a)$ （図 4.15）

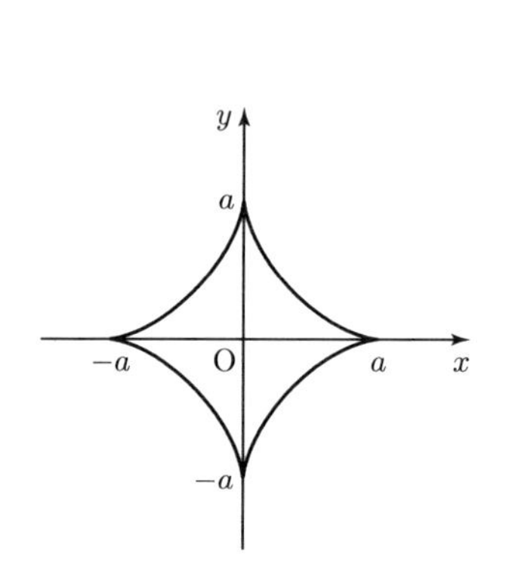

図 4.14 アステロイド

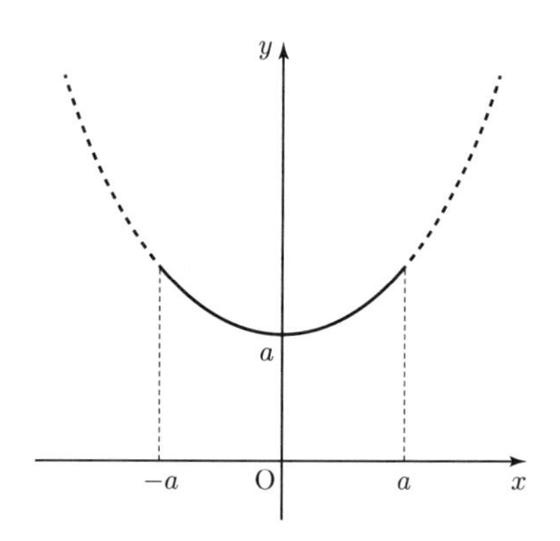

図 4.15 カテナリー

［解答］ (1) 求める長さを L とすると，

$$L = \int_0^{2\pi} \sqrt{\left(x'(t)\right)^2 + \left(y'(t)\right)^2}\, dt$$
$$= \int_0^{2\pi} \sqrt{(-3a\cos^2 t\sin t)^2 + (3a\sin^2 t\cos t)^2}\, dt$$
$$= \int_0^{2\pi} \sqrt{9a^2\cos^2 t\sin^2 t}\, dt = 4\int_0^{\frac{\pi}{2}} 3a\cos t\sin t\, dt$$
$$= 12a\int_0^{\frac{\pi}{2}} \frac{\sin 2t}{2}\, dt = 3a\Big[-\cos 2t\Big]_0^{\frac{\pi}{2}} = 6a.$$

(2) $y = \dfrac{a}{2}\left(e^{\frac{x}{a}} + e^{-\frac{x}{a}}\right)$ より $\dfrac{dy}{dx} = \dfrac{e^{\frac{x}{a}} - e^{-\frac{x}{a}}}{2}$ であるから，求める長さを L とすると，

$$L = \int_{-a}^{a} \sqrt{1 + \left(\frac{dy}{dx}\right)^2}\, dx = \int_{-a}^{a} \sqrt{1 + \frac{1}{4}\left(e^{\frac{2x}{a}} - 2 + e^{-\frac{2x}{a}}\right)}\, dx$$
$$= \int_{-a}^{a} \sqrt{\frac{1}{4}\left(e^{\frac{2x}{a}} + 2 + e^{-\frac{2x}{a}}\right)}\, dx = \int_{-a}^{a} \sqrt{\left(\frac{e^{\frac{x}{a}} + e^{-\frac{x}{a}}}{2}\right)^2}\, dx$$

$$= 2\int_0^a \frac{e^{\frac{x}{a}} + e^{-\frac{x}{a}}}{2}\,dx = 2a\left[\frac{e^{\frac{x}{a}} - e^{-\frac{x}{a}}}{2}\right]_0^a = a\left(e - \frac{1}{e}\right). \qquad ■$$

●注意 例題 4.6.4(1) の曲線は**アステロイド** (星芒形), (2) の曲線は**カテナリー** (懸垂曲線) とそれぞれよばれる.

演 習 問 題

4.6.1 次の各曲線で囲まれた部分の面積を求めよ.

(1) 曲線 $y = \dfrac{8}{x^2+4}$ と直線 $y = \dfrac{1}{2}x$, および y 軸.

(2) 2 曲線 $y = \sin x$, $y = \sin 2x$ の $0 \leqq x \leqq \pi$ の部分.

(3) 楕円 $\dfrac{x^2}{4} + y^2 = 1$.

(4) 媒介変数表示された曲線 $\begin{cases} x = 3t^2 \\ y = 3t - t^2 \end{cases}$, および x 軸.

(5) 媒介変数表示された曲線 $\begin{cases} x = a\cos^3\theta \\ y = a\sin^3\theta \end{cases}$ $(0 \leqq \theta \leqq 2\pi)$.

4.6.2 次の各曲線で囲まれた部分を, x 軸のまわりに回転させてできる回転体の体積を求めよ.

(1) 曲線 $y = x^2 - 2x$ と x 軸.

(2) 曲線 $y = \sin 2x$ $\left(0 \leqq x \leqq \dfrac{\pi}{2}\right)$ と直線 $y = \dfrac{1}{2}$.

(3) 曲線 $y = \dfrac{a}{2}\left(e^{\frac{x}{a}} + e^{-\frac{x}{a}}\right)$ $(-a \leqq x \leqq a)$ と直線 $x = a$, $x = -a$, および x 軸.

4.6.3 次の各曲線の長さを求めよ.

(1) 媒介変数表示された曲線 $\begin{cases} x = a(\theta - \sin\theta) \\ y = a(1 - \cos\theta) \end{cases}$ $(0 \leqq \theta \leqq 2\pi)$ $(a > 0)$.

(2) 媒介変数表示された曲線 $\begin{cases} x = e^t \sin t \\ y = e^t \cos t \end{cases}$ $(0 \leqq t \leqq \pi)$.

(3) 放物線 $y = x^2$ $(0 \leqq x \leqq 1)$.

(4) 曲線 $y = \log\cos x$ $\left(0 \leqq x \leqq \dfrac{\pi}{4}\right)$.

4.7 微分方程式

関数 $y = y(x)$ に対し，その導関数 $y', y'', \dots, y^{(n)}$ の間に，ある関係式

$$F(y, y', \dots, y^{(n)}) = 0$$

が成り立っているとする．このような関係式のことを **n 階の微分方程式**といい，この関係式から関数 $y = f(x)$ を求めることを，**微分方程式を解く**という．

微分方程式の解を求めることは，一般には容易ではない．そもそも，与えられた微分方程式の解が存在するかどうかも，まったく自明のことではない．ここでは，積分を用いて比較的簡単に解ける微分方程式をいくつか紹介する．

微分方程式を解くために積分を行うと，必ずそのたびに積分定数が現れる．したがって n 階の微分方程式を解くと，その解には n 個の独立な**任意定数**が含まれる．任意定数が含まれているような解を，その微分方程式の**一般解**という．また，一般解の定数に特別の値を与えるとき生じる特定の解を**特殊解**という．与えられた微分方程式に対し，変数 x のある値 x_0 と，それに対する関数 y および導関数 $y', y'', \dots, y^{(n-1)}$ の値を与える条件は，**初期条件**とよばれる．

4.7.1 変数分離形

次の形で与えられる微分方程式を，**変数分離形**の微分方程式という．

$$\frac{dy}{dx} = f(x)g(y). \tag{4.7.1}$$

$g(y) \neq 0$ とすると，式 (4.7.1) より $\dfrac{1}{g(y)}\dfrac{dy}{dx} = f(x)$ となるので，この両辺を x で積分する．

$$\int \frac{1}{g(y)}\frac{dy}{dx}\,dx = \int f(x)\,dx + C.$$

左辺は $\displaystyle\int \frac{1}{g(y)}\frac{dy}{dx}\,dx = \int \frac{1}{g(y)}\,dy$ と変数変換できるので，これで $y = y(x)$ を求めることができる．

例題 4.7.1 微分方程式 $y' = 2y$ を解け．

[解答] まず，$y = 0$ はこの微分方程式の解である．そこで $y \neq 0$ とすると，

$$\int \frac{1}{y}\frac{dy}{dx}\,dx = \int 2\,dx.$$

$$\therefore \quad \int \frac{1}{y}\,dy = 2x + C_1 \qquad (C_1 \text{ は積分定数})$$

となり，これより $\log|y| = 2x + C_1$ と求まる．したがって $y = \pm e^{C_1}e^{2x}$ と表せ，任意定数を $C = \pm e^{C_1}$ とおき直すと，$y = Ce^{2x}$ を得る．$y = 0$ のときはこの式において $C = 0$ とおいたものになっているから，求める一般解は

$$y = Ce^{2x} \quad (C \in \boldsymbol{R})$$

となる． ■

4.7.2 同 次 形

次の形で与えられる微分方程式を，**同次形**の微分方程式という．

$$\frac{dy}{dx} = f\left(\frac{y}{x}\right). \tag{4.7.2}$$

$y = ux$ とおくと $y' = \dfrac{du}{dx}x + u$ であるから，式 (4.7.2) は $\dfrac{du}{dx}x + u = f(u)$ と書き直せる．これより，

$$\frac{du}{dx} = \frac{f(u) - u}{x}$$

となる．右辺を $\dfrac{1}{x}$ と $f(u) - u$ の積とみなせば，これは変数 x, u についての変数分離形であり，4.7.1 項の手法で解くことができる．

例題 4.7.2 微分方程式 $2xyy' = x^2 + y^2$ を解け．

［解答］ $y = ux$ とおくと，

$$y' = \frac{du}{dx}x + u = \frac{1}{2}\left(u + \frac{1}{u}\right).$$

$$\therefore \quad \frac{du}{dx} = \frac{1}{x}\left(\frac{1 - u^2}{2u}\right)$$

と変数分離形の微分方程式になる．$1 - u^2 = 0$ のときは $y = \pm x$ である．$1 - u^2 \neq 0$ のときに上の微分方程式を解くと，

$$-\log|1 - u^2| = \log|x| + C_1 \qquad (C_1 \text{ は積分定数})$$

を得る．$y = ux$ を代入して整理すると $x^2 - y^2 = \pm e^{-C_1}x$ となり，任意定数を $C = \pm e^{-C_1}$ とおき直せば

$$x^2 - y^2 = Cx$$

が得られる．$y = \pm x$ のときは，この式において $C = 0$ とおいたものになっているから，これが求める一般解である． ■

●**注意**　例題 4.7.2 のように，解が陰関数 (5.8 節参照) の形で得られることもある．

4.7.3 1 階線形微分方程式

次の形で与えられる微分方程式を，**1 階線形微分方程式**という．

$$\frac{dy}{dx} + f(x)y = g(x). \tag{4.7.3}$$

まず，式 (4.7.3) の右辺の $g(x)$ を 0 とおいた微分方程式

$$\frac{dy}{dx} + f(x)y = 0$$

を考える．これは変数分離形であるから，4.7.1 項の手法により，

$$y = C_1 \exp\left(-\int f(x)\,dx\right) \tag{4.7.4}$$

と解くことができる (ただし，$\exp(x) = e^x$ である)．

次に，いま求めた式 (4.7.4) の定数 C_1 を x の関数 $C(x)$ におき直した式を考え，これが式 (4.7.3) を満たすとして $C(x)$ を求める．$y = C(x)\exp\left(-\int f(x)\,dx\right)$ とおくと，

$$y' = C'(x)\exp\left(-\int f(x)\,dx\right) - C(x)f(x)\exp\left(-\int f(x)\,dx\right)$$

となる．これをもとの式 (4.7.3) に代入すると，

$$g(x) = y' + f(x)y = C'(x)\exp\left(-\int f(x)\,dx\right).$$

$$\therefore\quad C'(x) = g(x)\exp\left(\int f(x)\,dx\right)$$

を得る．この両辺を x で積分すると，

$$C(x) = \int g(x)\exp\left(\int f(x)\,dx\right)dx + C$$

となるから，最初の微分方程式の一般解は

$$y = \exp\left(-\int f(x)\,dx\right)\left\{\int g(x)\exp\left(\int f(x)\,dx\right)dx + C\right\}$$

となる．

1 階線形微分方程式のこのような解法を，**定数変化法**という．

例題 4.7.3 微分方程式 $y' - 2y = e^{3x}$ を解け．

[解答] まず，微分方程式 $y' - 2y = 0$ を解くと，例題 4.7.1 により一般解は $y = C_1 e^{2x}$ と求まる．そこで任意定数 C_1 を x の関数 $C(x)$ におき直して $y' - 2y = e^{3x}$ に代入すると，$C'(x) = e^x$ を得る．したがって $C(x) = e^x + C$ となるから，求める解は

$$y = e^{2x}(e^x + C) = e^{3x} + Ce^{2x}$$

となる． ■

演 習 問 題

4.7.1 次の微分方程式を解け．

(1) $y' = 2xy$　(2) $y' = y^2 - 1$　(3) $y + 2xy' = 0$

(4) $(1 + x^2)y' = 1 + y^2$　(5) $y' = \dfrac{x - y}{x + y}$　(6) $y' = \dfrac{2xy}{x^2 - y^2}$

(7) $x \tan \dfrac{y}{x} - y + xy' = 0$　(8) $y' = x + y$　(9) $y' + y = 2x$

(10) $y' + 2y \tan x = \sin x$

5
多変数関数の微分

これまで $f(x)$ のような 1 変数関数を考えていたが，ここでは $f(x,y)$ や $f(x,y,z)$ のような多変数関数の微分法を取り扱う．1 変数から 2 変数への拡張が理解できれば，3 変数以上の場合も同様にできるので，主に 2 変数の場合について考える．

5.1 領域と閉領域

1 変数関数においては開区間 (a,b) と閉区間 $[a,b]$ が考察の対象として重要であり，定理にもよく登場したが，これは $\boldsymbol{R}$ の連結な部分集合である．ただし，集合 I の任意の 2 点がなめらかに I 上でつながるとき，I は**連結**であるという．2 変数関数においてこれらの区間に相当するものは「領域」と「閉領域」である．まず，$\boldsymbol{R}^2$ の部分集合で境界を自分自身に含まないものを**開集合**といい，境界を自分自身に含むものを**閉集合**という．そのうえで，連結な開集合であるものを**領域**とよび，領域に境界をつけ加えたものを**閉領域**とよぶ．また，集合が十分大きな円に含まれるとき，集合は**有界**であるという．

○例 **5.1.1** (1) $\boldsymbol{R}^2$ の部分集合 $D_1 = \{(x,y) \in \boldsymbol{R}^2 \mid x^2 + y^2 < 1\}$ は領域である．

(2) $\boldsymbol{R}^2$ の部分集合 $D_2 = \{(x,y) \in \boldsymbol{R}^2 \mid x^2 + y^2 \leqq 1\}$ は閉領域である．

(3) $\boldsymbol{R}^2$ の部分集合 $D_3 = \{(x,y) \in \boldsymbol{R}^2 \mid (x-3)^2 + y^2 < 1\}$ は領域である．

(4) $\boldsymbol{R}^2$ の部分集合 $D_4 = D_1 \cup D_3$ は領域でも閉領域でもない．

(5) $f(x,y) = \sqrt{1-x^2-y^2}$ の定義域は D_2 である．

(6) $g(x,y) = \dfrac{1}{\sqrt{1-x^2-y^2}}$ の定義域は D_1 である．

演 習 問 題

5.1.1 次の関数の定義域を求めよ．

(1) $\sqrt{4-x^2-y^2}$　(2) $\log(x^2+y^2-1)$　(3) $\sqrt{3-x-y}$

(4) $\dfrac{1+x+y}{x}$

5.2　2 変数関数の極限と連続性

5.2.1　2 変数関数の極限

2 次元平面上の点 (x,y) を点 (a,b) に近づけるとき，定義域 D 内でどのように近づけても 2 変数関数 $f(x,y)$ が 1 つの値 l に近づくならば，この l を $(x,y)\to(a,b)$ のときの $f(x,y)$ の**極限**または**極限値**といい，

$$\lim_{(x,y)\to(a,b)} f(x,y) = l$$

と表す．近づけ方によって $f(x,y)$ の値が変わる場合は，極限は存在しない．

例題 5.2.1　次の極限値を調べよ．

(1) $\displaystyle\lim_{(x,y)\to(1,1)} \frac{x^2-y^2}{x-y}$　(2) $\displaystyle\lim_{(x,y)\to(0,0)} \frac{x+y}{x-y}$

［解答］ (1) 不定形を解消する変形によって，

$$\lim_{(x,y)\to(1,1)} \frac{x^2-y^2}{x-y} = \lim_{(x,y)\to(1,1)} \frac{(x-y)(x+y)}{x-y} = \lim_{(x,y)\to(1,1)} (x+y) = 1+1 = 2.$$

(2) $y\to 0$ の後に $x\to 0$ とした場合は

$$\lim_{x\to 0}\left(\lim_{y\to 0} \frac{x+y}{x-y}\right) = \lim_{x\to 0}\left(\frac{x}{x}\right) = \lim_{x\to 0} 1 = 1$$

となる一方，$x\to 0$ の後に $y\to 0$ とした場合は

$$\lim_{y\to 0}\left(\lim_{x\to 0} \frac{x+y}{x-y}\right) = \lim_{y\to 0}\left(\frac{y}{-y}\right) = \lim_{y\to 0}(-1) = -1$$

となる．近づけ方によって値が異なるので，極限値は存在しない．■

2 変数関数の極限について，1 変数関数の場合 (定理 2.3.1) と同様に次の性質が成り立つ．証明は省略する．

定理 5.2.1　$\displaystyle\lim_{(x,y)\to(a,b)} f(x,y) = l$ と $\displaystyle\lim_{(x,y)\to(a,b)} g(x,y) = m$ がともに存在するとき，次の性質が成り立つ．

(1) $\displaystyle\lim_{(x,y)\to(a,b)} \{\alpha f(x,y) \pm \beta g(x,y)\} = \alpha l \pm \beta m \quad (\alpha, \beta \in \boldsymbol{R})$.

(2) $\displaystyle\lim_{(x,y)\to(a,b)} f(x,y)g(x,y) = lm$.

(3) $\displaystyle\lim_{(x,y)\to(a,b)} \frac{f(x,y)}{g(x,y)} = \frac{l}{m}$　(ただし $m \neq 0$).

5.2.2　2 変数関数の連続性

$f(x,y)$ を $\boldsymbol{R}^2$ の部分集合 D で定義された関数とし，$(a,b) \in D$ とする．1 変数関数の連続性と同様に，

$$\lim_{(x,y)\to(a,b)} f(x,y) = f(a,b)$$

となるとき，関数 $f(x,y)$ は点 (a,b) で**連続**であるという．また $f(x,y)$ が D のすべての点で連続のとき，$f(x,y)$ は D で連続であるという．2 変数関数の連続性についても，1 変数関数の場合 (定理 2.4.1 (1), (2)) と同様に次の性質が成り立つ．証明は省略する．

定理 5.2.2　関数 $f(x,y)$ と $g(x,y)$ が定義域で連続で，$\alpha, \beta \in \boldsymbol{R}$ のとき，

$$\alpha f(x,y) \pm \beta g(x,y), \quad f(x,y)g(x,y), \quad \frac{f(x,y)}{g(x,y)} \quad (\text{ただし } g(x,y) \neq 0)$$

は定義域で連続である．

○**例 5.2.1**　(1)　関数 $e^{x+\sqrt{y}}$ は定義域 $\{(x,y) \in \boldsymbol{R}^2 \mid y \geqq 0\}$ で連続である．

(2)　関数 $a + bx + cy$ $(a,\ b,\ c \in \boldsymbol{R})$ は $\boldsymbol{R}^2$ で連続である．

(3)　関数 $\dfrac{x+y}{x(y^2-1)}$ は $\{(x,y) \in \boldsymbol{R}^2 \mid x \neq 0,\ y \neq \pm 1\}$ で連続である．

例 5.2.1 でみた関数 $f(x,y) = a + bx + cy$ は 2 変数の **1 次関数**であり，また，$\alpha,\ \beta,\ \gamma \in \boldsymbol{R}$ として $g(x,y) = a + bx + cy + \alpha x^2 + \beta xy + \gamma y^2$ は 2 変数の **2 次関数**である．このように 2 つの変数の積の定数倍の和で表される関数を，2 変数の**多項式関数**という．多項式関数は $\boldsymbol{R}^2$ で連続である．また，2 つの多項式関数 $P(x,y)$ と $Q(x,y)$ の比として $\dfrac{Q(x,y)}{P(x,y)}$ と表される関数を 2 変数

の**有理関数**という．有理関数は，$\boldsymbol{R}^2$ から分母を 0 とする点を除いた集合上で連続である．

また 1 変数の連続関数の場合 (定理 2.4.4) と同じく，2 変数の連続関数は有界閉集合において最大値と最小値をもつ．証明は省略する．

定理 5.2.3 (最大値・最小値の存在定理)　関数 $f(x,y)$ が有界閉領域 Ω において連続ならば，Ω 上において $f(x,y)$ の値域は有界閉区間である．すなわち，$f(x,y)$ は Ω において最大値と最小値をもつ．

演 習 問 題

5.2.1　次の極限値を調べよ．

(1) $\displaystyle\lim_{(x,y)\to(1,1)} \frac{x^2-3xy+2y^2}{x-y}$　(2) $\displaystyle\lim_{(x,y)\to(3,0)} \frac{\sin(xy)}{y}$

(3) $\displaystyle\lim_{(x,y)\to(0,0)} \frac{x^2-y^2}{x^2+y^2}$　(4) $\displaystyle\lim_{(x,y)\to(0,0)} \frac{x}{\sqrt{x^2+y^2}}$

(5) $\displaystyle\lim_{(x,y)\to(0,0)} \sqrt{x^2+y^2}\log(x^2+y^2)$　(ヒント：$x=r\cos\theta$, $y=r\sin\theta$ とおいて調べよ．)

(6) $\displaystyle\lim_{(x,y)\to(0,0)} xy\sin\frac{1}{xy}$　(ヒント：$\left|xy\sin\dfrac{1}{xy}\right| \leqq |xy|$ を示して用いよ．)

5.3 偏 微 分

5.3.1 偏微分係数

2 変数関数 $f(x,y)$ の微分としては，x または y の一方を固定してもう片方で微分するというものが自然に考えられる．y を $y=b$ と固定したとき，$f(x,b)$ が $x=a$ で微分可能であれば，すなわち

$$\lim_{h\to 0} \frac{f(a+h,b)-f(a,b)}{h}$$

が存在すれば，$f(x,y)$ は点 (a,b) で **$\boldsymbol{x}$ に関して偏微分可能**であるという．またその極限値を，$f(x,y)$ の点 (a,b) での **$\boldsymbol{x}$ に関する偏微分係数**とよび，$f_x(a,b)$ や $\dfrac{\partial f}{\partial x}(a,b)$ などで表す．同様に x を $x=a$ と固定したとき，$f(a,y)$ が $y=b$

で微分可能であれば，すなわち

$$\lim_{h\to 0}\frac{f(a,b+h)-f(a,b)}{h}$$

が存在すれば，$f(x,y)$ は点 (a,b) で **y に関して偏微分可能**であるという．また その極限値を，$f(x,y)$ の点 (a,b) での **y に関する偏微分係数**とよび，$f_y(a,b)$ や $\dfrac{\partial f}{\partial y}(a,b)$ などで表す．

$f(x,y)$ が x に関しても y に関しても点 (a,b) で偏微分可能のとき，$f(x,y)$ は**点 (a,b) で偏微分可能**であるという．また，$f(x,y)$ が領域 D 内のどの点でも偏微分可能であるとき，$f(x,y)$ は**領域 D で偏微分可能**であるという．

例題 5.3.1 関数 $f(x,y)=\sqrt{x^4+y^2}$ について，原点における偏微分可能性を調べよ．

［解答］ $f(0,0)=0$, $f(x,0)=x^2$, $f(0,y)=|y|$ より，

$$\lim_{h\to 0}\frac{f(h,0)-f(0,0)}{h}=\lim_{h\to 0}\frac{h^2-0}{h}=\lim_{h\to 0}h=0$$

であるので，$f(x,y)$ は点 $(0,0)$ で x に関して偏微分可能で，$f_x(0,0)=0$ である．一方，

$$\lim_{h\to 0}\frac{f(0,h)-f(0,0)}{h}=\lim_{h\to 0}\frac{|h|-0}{h}=\lim_{h\to 0}\frac{|h|}{h}=\begin{cases}1 & (h\to +0)\\ -1 & (h\to -0)\end{cases}$$

となり，この極限は存在しない．よって $f(x,y)$ は点 $(0,0)$ で y に関して偏微分可能ではない． ■

5.3.2 偏導関数

偏微分係数 $f_x(a,b)$ は点 (a,b) における値であるが，この a と b を変数 x, y として動かしたとき，$f_x(x,y)$ は定義される ($f(x,y)$ が x に関して偏微分可能な) 領域で 2 変数関数となり，これを関数 $z=f(x,y)$ の **x に関する偏導関数**とよぶ．$\dfrac{\partial f}{\partial x}(x,y)$ や z_x とも表す．また同様に $f_y(x,y)$, $\dfrac{\partial f}{\partial y}(x,y)$, z_y は **y に関する偏導関数**とよぶ．偏導関数を求めることを**偏微分する**という．

関数 $f(x,y)$ が偏微分可能であることが明らかな場合には，$f_x(x,y)$ を求めるには y を定数と考えて x で $f(x,y)$ を微分すればよく，$f_y(x,y)$ を求めるには x を定数と考えて y で $f(x,y)$ を微分すればよい．

例題 5.3.2　$f(x,y)=e^{x^2-y^2}$ および $g(x,y)=\cos(xe^y)$ の偏導関数を求めよ．

［解答］　x で偏微分すると，

$$f_x(x,y)=\frac{\partial}{\partial x}(e^{x^2-y^2})=e^{x^2-y^2}\cdot\frac{\partial}{\partial x}(x^2-y^2)=2xe^{x^2-y^2},$$
$$g_x(x,y)=\frac{\partial}{\partial x}(\cos(xe^y))=-\sin(xe^y)\cdot\frac{\partial}{\partial x}(xe^y)=-e^y\sin(xe^y)$$

となり，また y で偏微分すると，

$$f_y(x,y)=\frac{\partial}{\partial y}(e^{x^2-y^2})=e^{x^2-y^2}\cdot\frac{\partial}{\partial y}(x^2-y^2)=-2ye^{x^2-y^2},$$
$$g_y(x,y)=\frac{\partial}{\partial y}(\cos(xe^y))=-\sin(xe^y)\cdot\frac{\partial}{\partial y}(xe^y)=-xe^y\sin(xe^y)$$

となる．■

演 習 問 題

5.3.1　次の関数の原点における偏微分可能性を調べよ．

(1)　$f(x,y)=\log(1+xy+y)$　　(2)　$f(x,y)=\sqrt{x^2+y^6}$

(3)　$f(x,y)=\sqrt{\sin^2 x+\cos^2 y}$

5.3.2　次の関数の偏導関数を求めよ．

(1)　$f(x,y)=x^3+xy^2+2x^2y^3$　　(2)　$f(x,y)=\dfrac{y}{x}$

(3)　$f(x,y)=(e^x\sin y)^2$　　(4)　$f(x,y)=\cos(xy^2)$

(5)　$f(x,y)=\log(x^2+y^2)$

5.4　高階偏導関数

関数 $f(x,y)$ の偏導関数 $f_x(x,y)$，$f_y(x,y)$ がさらに偏微分可能なとき，それぞれを x で偏微分したものは

$$f_{xx}(x,y)=\frac{\partial^2 f}{\partial x^2}(x,y),\quad f_{yx}(x,y)=\frac{\partial^2 f}{\partial x\partial y}(x,y)$$

などと表し，それぞれを y で偏微分したものは

$$f_{xy}(x,y)=\frac{\partial^2 f}{\partial y\partial x}(x,y),\quad f_{yy}(x,y)=\frac{\partial^2 f}{\partial y^2}(x,y)$$

などと表す．これらを**2階偏導関数**という．より高階の偏導関数も同様に考えられ，$f(x,y)$ を x もしくは y について偏微分を計 n 回行った関数を**n 階偏導関数**という．たとえば

$$f_{xxy}(x,y) = \frac{\partial^3 f}{\partial y \partial x^2}(x,y)$$

は関数 $f(x,y)$ を x について偏微分を2回した後に y について偏微分して得られる3階偏導関数を表す．

例題 5.4.1 $f(x,y) = \cos(xe^y)$ の2階偏導関数を求めよ．

[解答] 例題5.3.2より，$f_x(x,y) = -e^y \sin(xe^y)$, $f_y(x,y) = -xe^y \sin(xe^y)$ であるので，それらを x や y で偏微分することで

$$f_{xx}(x,y) = \frac{\partial}{\partial x}\left(-e^y \sin(xe^y)\right) = -e^{2y}\cos(xe^y),$$

$$f_{xy}(x,y) = \frac{\partial}{\partial y}\left(-e^y \sin(xe^y)\right) = -e^y \sin(xe^y) - e^{2y}x\cos(xe^y),$$

$$f_{yx}(x,y) = \frac{\partial}{\partial x}\left(-xe^y \sin(xe^y)\right) = -e^y \sin(xe^y) - e^{2y}x\cos(xe^y),$$

$$f_{yy}(x,y) = \frac{\partial}{\partial y}\left(-xe^y \sin(xe^y)\right) = -xe^y \sin(xe^y) - e^{2y}x^2\cos(xe^y)$$

となる． ■

この例題においては，x と y の偏微分の順序によらず $f_{xy}(x,y) = f_{yx}(x,y)$ となっているが，これは偶然ではなく，次の定理が成り立つ．

定理 5.4.1 領域 D において $f_x(x,y)$ が y で偏微分可能かつ $f_y(x,y)$ が x で偏微分可能，すなわち $f_{xy}(x,y)$ と $f_{yx}(x,y)$ が存在するとし，さらに $f_{xy}(x,y)$ と $f_{yx}(x,y)$ が連続であるとする．このとき領域 D で

$$f_{xy}(x,y) = f_{yx}(x,y)$$

が成り立つ．すなわち，x と y の偏微分の順序によらない．

[証明] 任意の点 $(a,b) \in D$ に対し，$f_{xy}(a,b) = f_{yx}(a,b)$ を示す．

$$F(h,k) = f(a+h, b+k) - f(a, b+k) - f(a+h, b) + f(a,b),$$

$$\varphi(x) = f(x, b+k) - f(x,b)$$

とおくと，$F(h,k) = \varphi(a+h) - \varphi(a)$ と表せる．$\varphi(x)$ は x について微分可能であるから，平均値の定理 (定理 3.4.3) より，

$$F(h,k) = \varphi(a+h) - \varphi(a) = h\varphi'(a+\theta_1 h)$$
$$= h\{f_x(a+\theta_1 h, b+k) - f_x(a+\theta_1 h, b)\}$$

となる θ_1 が区間 $(0,1)$ の範囲に存在する．また，$u(y) = f_x(a+\theta_1 h, y)$ とおくと，$u(y)$ は y について微分可能であるから，再び平均値の定理より

$$f_x(a+\theta_1 h, b+k) - f_x(a+\theta_1 h, b) = u(b+k) - u(b) = ku'(b+\theta_2 k)$$

となる θ_2 が区間 $(0,1)$ の範囲に存在する．よって

$$F(h,k) = hku'(b+\theta_2 k) = hkf_{xy}(a+\theta_1 h, b+\theta_2 k)$$

と表せる．また $\psi(y) = f(a+h,y)-f(a,y)$ を用いて $F(h,k) = \psi(b+k)-\psi(b)$ に対して同様の議論をすると，

$$F(h,k) = khf_{yx}(a+\theta_3 h, b+\theta_4 k)$$

となる θ_3 と θ_4 が区間 $(0,1)$ の範囲に存在することがわかる．以上より，

$$f_{xy}(a+\theta_1 h, b+\theta_2 k) = f_{yx}(a+\theta_3 h, b+\theta_4 k)$$

が成り立つ．ここで $f_{xy}(x,y)$ と $f_{yx}(x,y)$ は点 (a,b) で連続なので，両辺の極限 $(h,k) \to (0,0)$ を考えることで $f_{xy}(a,b) = f_{yx}(a,b)$ が得られる． ■

この定理の仮定のように，偏導関数が存在して連続という条件は重要である．たとえば，$f(x,y)$ の 1 階偏微分 $f_x(x,y)$ と $f_y(x,y)$ が存在して連続であるとき，$f(x,y)$ は $\boldsymbol{C^1}$ **級**であるという．同様に，$f(x,y)$ の n 階以下の偏導関数がすべて存在して連続であるとき，$f(x,y)$ は $\boldsymbol{C^n}$ **級**であるという．C^n 級であるとき，定理 5.4.1 を帰納的に適用することで，一般に次の定理が成り立つ．

定理 5.4.2 関数 $f(x,y)$ は C^n 級とする．このとき，n 階偏導関数は x と y の偏微分の順序によらず，次の $(n+1)$ 個の偏導関数

$$\frac{\partial^n f}{\partial x^n}, \frac{\partial^n f}{\partial x^{n-1}\partial y}, \frac{\partial^n f}{\partial x^{n-2}\partial y^2}, \ldots, \frac{\partial^n f}{\partial x \partial y^{n-1}}, \frac{\partial^n f}{\partial y^n}$$

のいずれかに一致する．

演 習 問 題

5.4.1 次の関数の 2 階偏導関数を求めよ．

(1) $f(x,y) = x^3 + xy^2 + 2x^2y^3$　　(2) $f(x,y) = \dfrac{y}{x}$

(3) $f(x,y) = (e^x \sin y)^2$　　(4) $f(x,y) = \cos(xy^2)$

(5) $f(x,y) = \log(x^2 + y^2)$

5.5 全微分可能性

1 変数関数 $f(x)$ が点 a で微分可能であるとは,

$$\lim_{h\to 0}\frac{f(a+h)-f(a)-\alpha h}{h}=0 \tag{5.5.1}$$

となる定数 α が存在することと同値である. 2 変数関数 $f(x,y)$ では,

$$\lim_{(h,k)\to(0,0)}\frac{f(a+h,b+k)-f(a,b)-\alpha h-\beta k}{\sqrt{h^2+k^2}}=0 \tag{5.5.2}$$

となる定数 α と β が存在するとき, $f(x,y)$ は点 (a,b) で**微分可能**, または偏微分可能との区別を強調して**全微分可能**という.

式 (5.5.1) の α は, 点 a における微分係数 $f'(a)$ であるが, 式 (5.5.2) の α と β は, 次のようにそれぞれ点 (a,b) の偏微分係数になっている.

定理 5.5.1 (全微分可能の必要条件) 関数 $f(x,y)$ が点 (a,b) で全微分可能ならば, $f(x,y)$ は点 (a,b) で連続かつ偏微分可能である. 特に式 (5.5.2) において, $\alpha=f_x(a,b)$ かつ $\beta=f_y(a,b)$ が成り立つ.

[証明] 式 (5.5.2) より, $\displaystyle\lim_{(h,k)\to(0,0)}\varepsilon(h,k)=0$ となる $\varepsilon(h,k)$ が存在して

$$f(a+h,b+k)=f(a,b)+\alpha h+\beta k+\varepsilon(h,k)\sqrt{h^2+k^2} \tag{5.5.3}$$

と表せる. よって $\displaystyle\lim_{(h,k)\to(0,0)}f(a+h,b+k)=f(a,b)$ となるので, $f(x,y)$ は点 (a,b) で連続である. 次に, 式 (5.5.3) で $k=0$ として変形すると

$$\frac{f(a+h,b)-f(a,b)}{h}=\alpha+\varepsilon(h,0)\frac{|h|}{h}$$

となり, 両辺で $h\to 0$ とすることで $f_x(a,b)=\alpha$ が得られる. $f_y(a,b)=\beta$ も同様にして示される. ■

●**注意** 1 変数関数の場合の命題 3.1.1 のように, この定理は関数 $f(x,y)$ が全微分可能であれば $f(x,y)$ は連続であることを述べているが, $f(x,y)$ が偏微分可能であっても $f(x,y)$ は連続とは限らないことに注意.

この定理は全微分可能であるための必要条件を述べたものであるが, 十分条件として次のことが知られている.

定理 5.5.2 (全微分可能の十分条件)　関数 $f(x,y)$ が点 (a,b) のまわりで C^1 級であれば，$f(x,y)$ は点 (a,b) で全微分可能である．

［証明］　$f(x,y)$ は点 (a,b) の近くで偏微分可能なので，平均値の定理を用いれば

$$\begin{aligned} &f(a+h,b+k)-f(a,b)\\ &=\{f(a+h,b+k)-f(a,b+k)\}+\{f(a,b+k)-f(a,b)\}\\ &=hf_x(a+\theta_1 h,b+k)+kf_y(a,b+\theta_2 k)\end{aligned}$$

を満たす θ_1 と θ_2 が区間 $(0,1)$ の範囲に存在することがわかる．また，$f_x(x,y)$ と $f_y(x,y)$ は点 (a,b) で連続なので，

$$\lim_{h\to 0} f_x(a+\theta_1 h,b+k)=f_x(a,b),\quad \lim_{k\to 0} f_y(a,b+\theta_2 k)=f_y(a,b)$$

が成り立つ．このことと $0\leqq |h|\leqq \sqrt{h^2+k^2}$, $0\leqq |k|\leqq \sqrt{h^2+k^2}$ に注意すると，

$$\begin{aligned} &\lim_{(h,k)\to(0,0)} \frac{f(a+h,b+k)-f(a,b)-hf_x(a,b)-kf_y(a,b)}{\sqrt{h^2+k^2}}\\ &=\lim_{(h,k)\to(0,0)} \frac{hf_x(a+\theta_1 h,b+k)+kf_y(a,b+\theta_2 k)-hf_x(a,b)-kf_y(a,b)}{\sqrt{h^2+k^2}}\\ &=\lim_{(h,k)\to(0,0)} \frac{h}{\sqrt{h^2+k^2}}\{f_x(a+\theta_1 h,b+k)-f_x(a,b)\}\\ &\quad+\lim_{(h,k)\to(0,0)} \frac{k}{\sqrt{h^2+k^2}}\{f_y(a,b+\theta_2 k)-f_x(a,b)\}=0\end{aligned}$$

が得られる．■

1 変数関数 $f(x)$ が点 a で微分可能であるとき，点 $(a,f(a))$ で曲線 $y=f(x)$ に接する 1 次関数

$$y=f(a)+f'(a)(x-a)$$

が**接線**であった．同様に，2 変数関数 $f(x,y)$ が点 (a,b) で全微分可能であるとき，次の 1 次関数

$$z=f(a,b)+f_x(a,b)(x-a)+f_y(a,b)(y-b) \tag{5.5.4}$$

は点 $(a,b,f(a,b))$ で曲面 $z=f(x,y)$ に接する平面であり，これを点 $(a,b,f(a,b))$ における曲面 $z=f(x,y)$ の**接平面**という．

例題 5.5.1　$f(x,y)=e^{x^2-y^2}$ とする．曲面 $z=f(x,y)$ の点 $(1,1,1)$ における接平面を求めよ．

［解答］　例題 5.3.2 より，$f_x(x,y)=2xe^{x^2-y^2}$，$f_y(x,y)=-2ye^{x^2-y^2}$ であり，これらは点 $(1,1)$ で連続なので，$f(x,y)$ は点 $(1,1)$ で全微分可能である．よって求める接平面は，$f(1,1)=1$, $f_x(1,1)=2$, $f_y(1,1)=-2$ より

$$z=1+2(x-1)-2(y-1)=2x-2y+1$$

である．■

全微分可能な 2 変数関数に対しては，次の合成関数の微分公式が成り立つ．

定理 5.5.3 (合成関数の微分公式)　関数 $f(x,y)$ が全微分可能であるとする．このとき，関数 $x=p(t)$ と $y=q(t)$ が微分可能であれば，合成関数 $g(t)=f(p(t),q(t))$ は微分可能で，

$$g'(t)=f_x(p(t),q(t))p'(t)+f_y(p(t),q(t))q'(t)$$

が成り立つ．これは

$$\frac{dg}{dt}=\frac{\partial f}{\partial x}\frac{dx}{dt}+\frac{\partial f}{\partial y}\frac{dy}{dt}$$

とも表せる．

［証明］　微小量 $\delta>0$ に対し, h と k を $h=p(t+\delta)-p(t)$, $k=q(t+\delta)-q(t)$ と定める．$f(x,y)$ は全微分可能なので，$\displaystyle\lim_{(h,k)\to(0,0)}\varepsilon(h,k)=0$ となる $\varepsilon(h,k)$ が存在して

$$f(x+h,y+k)=f(x,y)+f_x(x,y)h+f_y(x,y)k+\varepsilon(h,k)\sqrt{h^2+k^2}$$

と表せる．よって

$$\begin{aligned}\frac{g(t+\delta)-g(t)}{\delta}&=\frac{f(p(t+\delta),q(t+\delta))-f(p(t),q(t))}{\delta}\\&=\frac{f(p(t)+h,q(t)+k)-f(p(t),q(t))}{\delta}\\&=\frac{f(x+h,y+k)-f(x,y)}{\delta}\\&=f_x(x,y)\frac{h}{\delta}+f_y(x,y)\frac{k}{\delta}+\varepsilon(h,k)\sqrt{\left(\frac{h}{\delta}\right)^2+\left(\frac{k}{\delta}\right)^2}\end{aligned}$$

と変形できる．ここで両辺を $\delta\to 0$ とする際に

$$\lim_{\delta\to 0}\frac{h}{\delta}=\lim_{\delta\to 0}\frac{p(t+\delta)-p(t)}{\delta}=p'(t),$$
$$\lim_{\delta\to 0}\frac{k}{\delta}=\lim_{\delta\to 0}\frac{q(t+\delta)-q(t)}{\delta}=q'(t)$$

と $\displaystyle\lim_{(h,k)\to(0,0)}\varepsilon(h,k)=0$ を用いると，求める式が得られる． ■

例題 5.5.2　$f(x,y)=e^{x^2-y^2}$ とする．$g(t)=f(\cos t,\sin t)$ とするとき，$g'(t)$ を求めよ．

[解答]　例題 5.3.2 より，$f_x(x,y)=2xe^{x^2-y^2}$, $f_y(x,y)=-2ye^{x^2-y^2}$ であるので，

$$\begin{aligned}g'(t)&=2\cos t\,e^{\cos^2 t-\sin^2 t}\cdot(-\sin t)-2\sin t\,e^{\cos^2 t-\sin^2 t}\cdot\cos t\\&=-2e^{\cos 2t}\sin(2t)\end{aligned}$$

である． ■

定理 5.5.3 を用いると，次の合成関数の偏微分公式 (連鎖律) が成り立つことがわかる．これは偏微分の計算において重要な役割を果たす．

定理 5.5.4 (連鎖律)　関数 $f(x,y)$ が全微分可能であるとする．このとき，関数 $x=p(s,t)$ と $y=q(s,t)$ が偏微分可能であれば，合成関数 $g(s,t)=f(p(s,t),q(s,t))$ は偏微分可能で，

$$\begin{aligned}g_s(s,t)&=f_x(p(s,t),q(s,t))p_s(s,t)+f_y(p(s,t),q(s,t))q_s(s,t),\\g_t(s,t)&=f_x(p(s,t),q(s,t))p_t(s,t)+f_y(p(s,t),q(s,t))q_t(s,t)\end{aligned}$$

が成り立つ．これらはそれぞれ

$$\frac{\partial g}{\partial s}=\frac{\partial f}{\partial x}\frac{\partial x}{\partial s}+\frac{\partial f}{\partial y}\frac{\partial y}{\partial s},\quad \frac{\partial g}{\partial t}=\frac{\partial f}{\partial x}\frac{\partial x}{\partial t}+\frac{\partial f}{\partial y}\frac{\partial y}{\partial t}$$

とも表せる．

例題 5.5.3　$f(x,y)=\log(x^2+y^2)$ とする．$g(r,\theta)=f(r\cos\theta,r\sin\theta)$ とするとき，$g_r(r,\theta)$ および $g_\theta(r,\theta)$ を求めよ．

[解答]　$f_x(x,y)=\dfrac{2x}{x^2+y^2}$, $f_y(x,y)=\dfrac{2y}{x^2+y^2}$ であり，また $x=r\cos\theta$, $y=r\sin\theta$ とすると，

$$x_r = \cos\theta, \quad x_\theta = -r\sin\theta, \quad y_r = \sin\theta, \quad y_\theta = r\cos\theta$$

であり，さらに $x^2 + y^2 = r^2$ に注意すると

$$g_r(r,\theta) = \frac{2r\cos\theta}{r^2}\cdot\cos\theta + \frac{2r\sin\theta}{r^2}\cdot\sin\theta = \frac{2(\cos^2\theta + \sin^2\theta)}{r} = \frac{2}{r},$$
$$g_\theta(r,\theta) = \frac{2r\cos\theta}{r^2}\cdot(-r\sin\theta) + \frac{2r\sin\theta}{r^2}\cdot(r\cos\theta) = 0$$

である． ■

演習問題

5.5.1 次の関数に対し，曲面 $z = f(x,y)$ の与えられた点における接平面を求めよ．

(1) $f(x,y) = 3x^2 + 2xy - y^2$，点 $(1,2,3)$

(2) $f(x,y) = e^{3x+y}$，点 $(1,-3,1)$

(3) $f(x,y) = \sqrt{4-x^2-y^2}$，点 $(1,1,\sqrt{2})$

5.5.2 次の z に対し $\dfrac{dz}{dt}$ を求めよ．

(1) $z = xe^y$, $x = t\cos t$, $y = t\sin t$

(2) $z = f(x,y)$, $x = e^{-t}$, $y = e^{2t}$

5.5.3 次の z に対し $\dfrac{\partial z}{\partial s}$ および $\dfrac{\partial z}{\partial t}$ を求めよ．

(1) $z = e^x\cos y$, $x = s - t$, $y = st$

(2) $z = f(x,y)$, $x = s + 2t$, $y = 3s + t$

5.5.4 $f(u,v) = x\cos\theta - y\sin\theta$, $g(u,v) = x\sin\theta + y\cos\theta$, $x = \dfrac{u}{u^2+v^2}$, $y = \dfrac{v}{u^2+v^2}$ とするとき，$f_u(u,v) + g_v(u,v)$ を求めよ．

5.5.5 $f(u,v) = \log r$, $r = \sqrt{u^2+v^2}$ とするとき，$f_{uu}(u,v) + f_{vv}(u,v)$ を求めよ．

5.5.6 $z = f(r,\theta)$, $x = r\cos\theta$, $y = r\sin\theta$ であるとき，$xz_y - yz_x = z_\theta$ であることを示せ．

5.6 テイラーの定理

微分記号 $\dfrac{d}{dx}$ は，1 変数関数 $f(x)$ を入力したらその導関数を出力する，

$$\frac{d}{dx} : f \mapsto f'$$

という演算を行う記号であり，このような記号を**微分作用素**という．同様に，

2変数関数 $f(x,y)$ に対しても，偏微分作用素

$$\frac{\partial}{\partial x} : f \mapsto f_x, \quad \frac{\partial}{\partial y} : f \mapsto f_y$$

を定める．1変数のテイラーの定理の式 (定理 3.4.5) は，h を係数とする微分作用素 $h\dfrac{d}{dx}$ のべき乗を用いる (ただし0乗は何も演算を行わないものとする) と，$0 < \theta < 1$ を満たす定数 θ を用いて

$$\begin{aligned} f(a+h) &= \sum_{j=0}^{n} \frac{1}{j!} f^{(j)}(a)h^j + \frac{1}{(n+1)!} f^{(n+1)}(a+\theta h)h^{n+1} \\ &= \sum_{j=0}^{n} \frac{1}{j!} \left(h\frac{d}{dx}\right)^j f(a) + \frac{1}{(n+1)!} \left(h\frac{d}{dx}\right)^{n+1} f(a+\theta h) \end{aligned}$$

と表すことができる (ここでは $x-a=h$ としている)．これを2変数に拡張するには，h と k を係数とする偏微分作用素 $h\dfrac{\partial}{\partial x} + k\dfrac{\partial}{\partial y}$ を用いると便利である．この作用素のべき乗は，$1 \leqq j \leqq n$ なる j に対して

$$\left(h\frac{\partial}{\partial x} + k\frac{\partial}{\partial y}\right)^j f = \left(h\frac{\partial}{\partial x} + k\frac{\partial}{\partial y}\right)^{j-1} \left\{\left(h\frac{\partial}{\partial x} + k\frac{\partial}{\partial y}\right) f\right\}$$

を用いて次々に計算することで，$f(x,y)$ が C^n 級であるとき

$$\left(h\frac{\partial}{\partial x} + k\frac{\partial}{\partial y}\right)^j f = \sum_{r=0}^{j} {}_j\mathrm{C}_r h^{j-r} k^r \frac{\partial^j f}{\partial x^{j-r} \partial y^r}$$

と変形される．この偏微分作用素を用いて，n 次多項式 $P_n(h,k)$ を

$$P_n(h,k) = \sum_{j=0}^{n} \frac{1}{j!} \left(h\frac{\partial}{\partial x} + k\frac{\partial}{\partial y}\right)^j f(a,b)$$

で定義すると，2変数のテイラーの定理は次のように表される．

定理 5.6.1 (**2変数のテイラーの定理**)　関数 $f(x,y)$ が点 (a,b) を含む領域で C^{n+1} 級とする．このとき，

$$\begin{aligned} f(a+h, b+k) &= P_n(h,k) + R_{n+1}(h,k), \\ R_{n+1}(h,k) &= \frac{1}{(n+1)!} \left(h\frac{\partial}{\partial x} + k\frac{\partial}{\partial y}\right)^{n+1} f(a+\theta h, b+\theta k) \end{aligned}$$

となる θ が区間 $(0,1)$ の範囲に存在する．

[証明] $F(t) = f(a+ht, b+kt)$ とおき，$F(t)$ に定理 3.4.6 を用いれば

$$F(t) = \sum_{j=0}^{n} \frac{1}{j!} F^{(j)}(0) t^j + \frac{1}{(n+1)!} F^{(n+1)}(\theta t) t^{n+1} \quad (0 < \theta < 1)$$

が成り立ち，さらに両辺で $t = 1$ とすると

$$F(1) = \sum_{j=0}^{n} \frac{1}{j!} F^{(j)}(0) + \frac{1}{(n+1)!} F^{(n+1)}(\theta) \quad (0 < \theta < 1) \qquad (5.6.1)$$

が成り立つ．ここで定理 5.5.3 より

$$\begin{aligned} F'(t) &= hf_x(a+ht, b+kt) + kf_y(a+ht, b+kt) \\ &= \left(h\frac{\partial}{\partial x} + k\frac{\partial}{\partial y} \right) f(a+ht, b+kt) \end{aligned}$$

と表せ，これを繰り返すことで

$$F^{(j)}(t) = \left(h\frac{\partial}{\partial x} + k\frac{\partial}{\partial y} \right)^j f(a+ht, b+kt)$$

と表せることと，$F(1) = f(a+h, b+k)$ に注意すると，式 (5.6.1) より定理の主張が成り立つことがわかる． ■

定理 5.6.1 における $R_{n+1}(h,k)$ を**剰余項**という．h と k が十分に小さい場合，剰余項は十分に小さくなる．点 (x,y) が点 (a,b) に十分近い場合，$h = x-a$, $k = y-b$ とおくと，$P_n(x-a, y-b)$ は $f(x,y)$ に近い関数となる．そのため $P_n(x-a, y-b)$ を点 (a,b) における関数 $f(x,y)$ の n 次の**近似多項式**という．接平面の式 (5.5.4) の右辺は，じつは $f(x,y)$ の 1 次の近似多項式 $P_1(x-a, y-b)$ にほかならない．また，2 次の近似多項式 $P_2(x-a, y-b)$ を具体的に書き下すと，

$$\begin{aligned} P_2(x-a, y-b) &= f(a,b) + f_x(a,b)(x-a) + f_y(a,b)(y-b) \\ &\quad + \frac{1}{2!}(f_{xx}(a,b)(x-a)^2 + 2f_{xy}(a,b)(x-a)(y-b) + f_{yy}(a,b)(y-b)^2) \end{aligned}$$

となる．

例題 5.6.1 $f(x,y) = \cos(xe^y)$ の点 $(\pi, 0)$ における 2 次の近似多項式を求めよ．

[解答] $f(\pi, 0) = -1$ であり，また例題 5.4.1 の結果を用いると，

$$f_x(\pi,0) = 0, \ f_y(\pi,0) = 0, \ f_{xx}(\pi,0) = 1, \ f_{xy}(\pi,0) = \pi, \ f_{yy}(\pi,0) = \pi^2$$

であるので，求める 2 次の近似多項式 $P_2(x-\pi, y-0)$ は

$$\begin{aligned} P_2(x-\pi, y-0) &= -1 + 0\cdot(x-\pi) + 0\cdot(y-0) \\ &\quad + \frac{1}{2!}(1\cdot(x-\pi)^2 + 2\pi\cdot(x-\pi)(y-0) + \pi^2\cdot(y-0)^2) \\ &= -1 + \frac{1}{2}(x-\pi)^2 + \pi(x-\pi)y + \frac{1}{2}\pi^2 y^2 \end{aligned}$$

である． ■

演習問題

5.6.1 次の関数の原点における 2 次の近似多項式を求めよ．

(1) $\dfrac{1}{(1-x)(1-2y)}$ (2) $\log\sqrt{(x+1)^2+y^2}$

(3) $\sqrt{1+2x-y}$ (4) $\dfrac{e^{x+y}}{1+2x+3y^2}$ (5) $\cos(e^{x+y}-1)$

5.7 極値問題

1 変数関数と同様に，2 変数関数に対しても極大値・極小値を調べることは基本的な問題として考えられる．点 (a,b) の近くにおいて

$$(x,y) \neq (a,b) \implies f(x,y) < f(a,b)$$

が成り立つとき，関数 $f(x,y)$ は点 (a,b) で**極大**であるといい，このとき $f(a,b)$ を**極大値**という．また，点 (a,b) の近くにおいて

$$(x,y) \neq (a,b) \implies f(x,y) > f(a,b)$$

が成り立つとき，関数 $f(x,y)$ は点 (a,b) で**極小**であるといい，このとき $f(a,b)$ を**極小値**という．極大値と極小値をあわせて**極値**という．

1 変数関数において $f'(a) = 0$ となる点と同様に，2 変数関数において $f_x(a,b) = f_y(a,b) = 0$ となる点は極値を調べる際に重要である．このような点を**停留点**といい，次の定理が成り立つ．

定理 5.7.1 (極値の必要条件) 関数 $f(x,y)$ が点 (a,b) のまわりで偏微分可能とし，また点 (a,b) で極値をとるとする．このとき，点 (a,b) は $f(x,y)$ の停留点である．すなわち $f_x(a,b) = f_y(a,b) = 0$ が成り立つ．

［証明］ 2 変数関数 $f(x,y)$ が点 (a,b) で極値をとるならば，$y=b$ と固定した 1 変数関数 $\varphi(x)=f(x,b)$ も $x=a$ で極値をとる．このとき系 3.4.2 より $\varphi'(a)=f_x(a,b)=0$ である．$f_y(a,b)=0$ も同様に示される． ■

ただし，停留点となることは極値をとる必要条件であり，$f_x(a,b)=f_y(a,b)=0$ であるからといって極値をとるとは限らない．

○**例 5.7.1** 原点 $(0,0)$ は，関数 $f(x,y)=x^2+y^2$ と $g(x,y)=x^2-y^2$ の停留点である．また，$(x,y)\neq(0,0)$ ならば $f(x,y)>f(0,0)$ より，$f(x,y)$ は原点で極小値をとる．ところが $g(x,y)$ は点 (x,y) の位置によって $g(x,y)>g(0,0)$ にも $g(x,y)<g(0,0)$ にもなりうるので，$g(x,y)$ は原点で極値をとらない．このような例があるので，停留点だからその点で極値をとると結論づけるのは誤りである．

1 変数関数 $f(x)$ が $f'(a)=0$ を満たす点で極大値や極小値をとるかどうかは，2 階微分係数 $f''(a)$ の符号により判定することができた．2 変数関数 $f(x,y)$ においても，停留点 (a,b) における 2 階偏微分係数の符号を調べることで極大・極小の判定ができる．その際，C^2 級の関数 $f(x,y)$ に対し，次の行列

$$\begin{pmatrix} f_{xx}(x,y) & f_{xy}(x,y) \\ f_{yx}(x,y) & f_{yy}(x,y) \end{pmatrix}$$

を用いると便利であり，これを**ヘッセ行列**とよぶ．ヘッセ行列の行列式

$$\begin{aligned} H(x,y) &= \begin{vmatrix} f_{xx}(x,y) & f_{xy}(x,y) \\ f_{yx}(x,y) & f_{yy}(x,y) \end{vmatrix} \\ &= f_{xx}(x,y)f_{yy}(x,y)-\{f_{xy}(x,y)\}^2 \end{aligned}$$

を**ヘッシアン**という．

定理 5.7.2 (極値の十分条件) 関数 $f(x,y)$ は点 (a,b) を含む領域で C^2 級の関数であり，点 (a,b) は $f(x,y)$ の停留点とする．このとき，次が成り立つ．

(1) $H(a,b)>0$ の場合，$f(x,y)$ は点 (a,b) で極値をとる．特に，
　(a) $f_{xx}(a,b)>0$ のとき，$f(a,b)$ は極小値である．
　(b) $f_{xx}(a,b)<0$ のとき，$f(a,b)$ は極大値である．
(2) $H(a,b)<0$ の場合，$f(x,y)$ は点 (a,b) で極値をとらない．

［証明］ 定理 5.6.1 の $n=1$ のときの式は，$A=f_{xx}(a+\theta h,b+\theta k)$, $B=f_{xy}(a+\theta h,b+\theta k)$, $C=f_{yy}(a+\theta h,b+\theta k)$ とおくと，$f_x(a,b)=f_y(a,b)=0$

より，

$$f(a+h,b+k)=f(a,b)+\frac{1}{2}(Ah^2+2Bhk+Ck^2) \qquad (5.7.1)$$

が得られる．

(1) $H(a,b)>0$ の場合，明らかに $f_{xx}(a,b)\neq 0$ である．

(a) $f_{xx}(a,b)>0$ のとき，十分 $|h|$ と $|k|$ を小さくとれば $A>0$ かつ $AC-B^2>0$ となるので，この範囲で考える．$\Delta=AC-B^2$ とおくと，式 (5.7.1) から

$$f(a+h,b+k)-f(a,b)=\frac{1}{2A}\left\{(Ah+Bk)^2+\Delta k^2\right\}$$

となり，右辺は正となる．よって点 (a,b) の近くで $f(x,y)>f(a,b)$ が成り立つので，$f(a,b)$ は極小値である．

(b) $f_{xx}(a,b)<0$ のとき，(a) と同様に考えると，点 (a,b) の近くで $f(x,y)<f(a,b)$ が成り立つので，$f(a,b)$ は極大値である．

(2) $H(a,b)<0$ の場合，$A=0$ のときは

$$f(a+h,b+k)-f(a,b)=\frac{k}{2}(2Bh+Ck)$$

となり，右辺は正にも負にもなりうる．また $A\neq 0$ のときは，$|h|$ と $|k|$ を十分小さくとれば $A\neq 0$ かつ $\Delta=AC-B^2<0$ となるので，この範囲で考えると，

$$f(a+h,b+k)-f(a,b)=\frac{1}{2A}\left(Ah+(B+\sqrt{-\Delta})k\right)\left(Ah+(B-\sqrt{-\Delta})k\right)$$

となり，右辺は正にも負にもなりうる．よってこの場合は $f(x,y)$ は点 (a,b) で極値をとらない． ■

●注意 $H(a,b)=0$ の場合には極値の判定にこの定理を用いることはできず，別の方法で調べる必要がある．

例題 5.7.1 関数 $f(x,y)=x^3-3xy+y^3$ の停留点，および極値を求めよ．

[解答] まず停留点を求めると，$f_x(x,y)=3x^2-3y=0$，$f_y(x,y)=-3x+3y^2=0$ より，(1,1) と (0,0) の 2 点が得られる．また $f_{xx}(x,y)=6x$，$f_{xy}(x,y)=-3$，$f_{yy}(x,y)=6y$ であるので，$f(x,y)$ のヘッシアンは $H(x,y)=36xy-(-3)^2=36xy-9$ である．

以上より，点 $(1,1)$ および $(0,0)$ において極値の判定を行うと，まず $H(1,1)=27>0$，$f_{xx}(1,1)=6>0$ より，$f(x,y)$ は点 $(1,1)$ で極小値 $f(1,1)=-1$ をとる．また $H(0,0)=-9<0$ より，$f(x,y)$ は点 $(0,0)$ で極値をとらない． ■

3 変数関数の極値に関しては，以下の定理が成り立つ．定理 5.7.2 もこの形式で書け，また一般に n 変数関数の場合も同様に記述できる．

定理 5.7.3 関数 $f(x,y,z)$ は点 (a,b,c) を含む領域で C^2 級の関数であり，点 (a,b,c) は $f(x,y,z)$ の停留点とする．このとき，ヘッセ行列を

$$\begin{pmatrix} f_{xx}(a,b,c) & f_{xy}(a,b,c) & f_{xz}(a,b,c) \\ f_{yx}(a,b,c) & f_{yy}(a,b,c) & f_{yz}(a,b,c) \\ f_{zx}(a,b,c) & f_{zy}(a,b,c) & f_{zz}(a,b,c) \end{pmatrix}$$

と定めると，この行列が固有値に 0 をもたないとき，次が成り立つ．

(1) ヘッセ行列の固有値の符号がすべて同じである場合，$f(x,y,z)$ は点 (a,b,c) で極値をとる．特に，
 (a) 固有値がすべて正のとき，$f(a,b,c)$ は極小値である．
 (b) 固有値がすべて負のとき，$f(a,b,c)$ は極大値である．

(2) ヘッセ行列が符号の異なる固有値をもつ場合，$f(x,y,z)$ は点 (a,b,c) で極値をとらない．

●**注意** f が C^2 級の場合，ヘッセ行列は対称行列となり，固有値はすべて実数である．ヘッセ行列が固有値に 0 をもつ場合には極値の判定にこの定理を用いることはできず，別の方法で調べる必要がある．

演 習 問 題

5.7.1 次の関数の停留点，および極値があれば求めよ．

(1) $f(x,y) = \tan^{-1} x \tan^{-1} y$
(2) $f(x,y) = x^4 - 4xy + 2y^2$
(3) $f(x,y) = x^3 + y^2 - xy$
(4) $f(x,y) = x^3y + xy^3 - xy$
(5) $f(x,y) = x^3 + y^3 - x^2 + xy - y^2$
(6) $f(x,y) = x^2 - xy + 2y^2 - x - 2y$
(7) $f(x,y) = x^2 + 2x - xy + y^2$
(8) $f(x,y) = (x+y)e^{-xy}$
(9) $f(x,y) = xy + \dfrac{1}{x} + \dfrac{1}{y}$

5.8 陰関数の微分法

単位円の式 $x^2 + y^2 - 1 = 0$ は，$y = \pm\sqrt{1-x^2}$ と y について解くことができる．このように $y = f(x)$ の形に表した関数は**陽関数**といい，増減などの性質を調べるのに便利である．ただし，$x^3 - 2xy + y^3 = 0$ のように y について解くことがやや難しい場合や，そもそも y について解けない場合も多い．そ

のようなときは $x^2+y^2-1=0$ や $x^3-2xy+y^3=0$ の式のまま取り扱えることが望ましい．このように $g(x,y)=0$ の形でも y が x の関数として取り扱えることを示すのが次の定理である．この定理により存在が保証される関数 $y=\varphi(x)$ を，$g(x,y)=0$ より定まる**陰関数**という．

定理 5.8.1 (陰関数定理)　関数 $g(x,y)$ は点 (a,b) のまわりで C^1 級であり，$g(a,b)=0$ かつ $g_y(a,b)\neq 0$ とする．このとき，$x=a$ のまわりで $g(x,y)=0$ が定める C^1 級の関数 $y=\varphi(x)$ がただ一つ存在する．すなわち，$x=a$ のまわりで $\varphi(a)=b$ かつ $g(x,\varphi(x))=0$ が成り立つ．さらに $\varphi(x)$ の導関数は $\varphi'(x)=-\dfrac{g_x(x,\varphi(x))}{g_y(x,\varphi(x))}$ と表せる．

●**注意**　$g_y(a,b)=0$ である場合でも，$g_x(a,b)\neq 0$ であれば，x を y の関数とみて陰関数定理を適用できる．$g_x(a,b)=g_y(a,b)=0$ となる場合には陰関数定理は適用できず，このような点 (a,b) は曲線 $g(x,y)=0$ の**特異点**とよばれる．

証明は略したが，定理 5.8.1 における陰関数 $y=\varphi(x)$ の導関数 y' は，実際には次のようにして求められる．$g(x,y)=0$ の両辺を x で微分すると，$g_x(x,y)+g_y(x,y)y'=0$ が得られ，したがって $g_y(x,y)\neq 0$ のもとで

$$y'=-\frac{g_x(x,y)}{g_y(x,y)}=-\frac{g_x(x,\varphi(x))}{g_y(x,\varphi(x))}$$

となる．

例題 5.8.1　$f(x,y)=x^3-2xy+y^3$ とする．曲線 $f(x,y)=0$ の点 $(1,1)$ における y の微分係数 y' を求めよ．また，その点における接線の方程式を求めよ．

[解答]　$f_y(x,y)=-2x+3y^2$ であり，$f(1,1)=0$ かつ $f_y(1,1)=1\neq 0$ であるから，$x=1$ のまわりで $f(x,y)=0$ で定まる陰関数 y がただ一つ存在する．$x^3-2xy+y^3=0$ の両辺を x で微分すると，

$$3x^2-2y+(-2x+3y^2)y'=0$$

より，

$$y'=-\frac{3x^2-2y}{-2x+3y^2}$$

となり，$(x,y)=(1,1)$ を代入すれば $y'(1)=-1$ が得られる．したがって，求

める接線の方程式は $y = -(x-1)+1 = -x+2$. ■

変数が増えた場合にも同様の陰関数定理が成り立ち，陰関数の偏導関数も同様にして求めることができる．

例題 5.8.2　$f(x,y,z) = x^2+y^2-yz+z^2-8$ とする．曲面 $f(x,y,z)=0$ の点 $(1,2,3)$ における z の偏微分係数を求めよ．また，その点における接平面の方程式を求めよ．

［解答］ $f_z(x,y,z) = -y+2z$ であり，$f(1,2,3)=0$ かつ $f_z(1,2,3) = 4 \neq 0$ であるから，点 $(1,2)$ のまわりで $f(x,y,z)=0$ で定まる陰関数 z がただ一つ存在する．$x^2+y^2-yz+z^2-8=0$ の両辺を x と y で偏微分すると，それぞれ

$$2x+(-y+2z)z_x = 0, \quad 2y-z+(-y+2z)z_y = 0$$

より，

$$z_x = -\frac{2x}{-y+2z}, \quad z_y = -\frac{2y-z}{-y+2z}$$

となり，$(x,y,z)=(1,2,3)$ を代入すれば $z_x(1,2) = -\dfrac{1}{2}$, $z_y(1,2) = -\dfrac{1}{4}$ が得られる．したがって求める接平面の方程式は

$$z = 3-\frac{1}{2}(x-1)-\frac{1}{4}(y-2) = -\frac{1}{2}x-\frac{1}{4}y+4.$$ ■

演 習 問 題

5.8.1　次の関数に対し，曲線 $f(x,y)=0$ の与えられた点における y の微分係数，および接線の方程式を求めよ．

(1) $f(x,y) = x^3-y^2-2xy+2y$，点 $(2,2)$

(2) $f(x,y) = x^4-4x^2+4y^2$，点 $\left(1, \dfrac{\sqrt{3}}{2}\right)$

(3) $f(x,y) = e^{2x-y}+x-y$，点 $(1,2)$

5.8.2　次の関数に対し，曲面 $f(x,y,z)=0$ の与えられた点における z の偏微分係数，および接平面の方程式を求めよ．

(1) $f(x,y,z) = x^2+y^2+z^2-4$，点 $(1,1,\sqrt{2})$

(2) $f(x,y,z) = x^2+2xy-3yz+2zx-z^2$，点 $(1,2,1)$

(3) $f(x,y,z) = \sin(x+z)+\cos(yz)$，点 $\left(\dfrac{\pi}{3}, \dfrac{4}{3}, \dfrac{\pi}{2}\right)$

5.9 条件付き極値問題

5.7 節では特に条件のない極値問題を取り扱ったが，ここでは制約条件 $g(x,y)=0$ のもとで関数 $f(x,y)$ の極値を求める問題，いわゆる**条件付き極値問題**を考える．条件式 $g(x,y)=0$ から $y=h(x)$ と陽関数の形に表すことができれば，これは 1 変数関数 $f(x,h(x))$ の極値を求める問題になるが，実際には，$y=h(x)$ の形に表すのは難しいことが多い．そこで条件式を陰関数のままで扱う方法が，次の**ラグランジュの未定乗数法**とよばれる方法である．

定理 5.9.1 (ラグランジュの未定乗数法) 関数 $f(x,y)$ と $g(x,y)$ は C^1 級とし，点 (a,b) は曲線 $g(x,y)=0$ の特異点ではないとする．また $L(\lambda,x,y)=f(x,y)+\lambda g(x,y)$ と定める．このとき，条件 $g(x,y)=0$ のもとで関数 $f(x,y)$ が点 (a,b) で極値をとるならば，

$$\begin{cases} L_x(\lambda,a,b)=f_x(a,b)+\lambda g_x(a,b)=0 \\ L_y(\lambda,a,b)=f_y(a,b)+\lambda g_y(a,b)=0 \\ L_\lambda(\lambda,a,b)=g(a,b)=0 \end{cases} \tag{5.9.1}$$

を満たす定数 λ が存在する．

[証明] 点 (a,b) は $g(x,y)=0$ の特異点でないことから，$g_x(a,b)\neq 0$ または $g_y(a,b)\neq 0$ である．$g_x(a,b)\neq 0$ の場合も同様に示せるので，以下では $g_y(a,b)\neq 0$ の場合を考える．このとき陰関数定理 (定理 5.8.1) より，$g(x,y)=0$ が定める陰関数 $y=\varphi(x)$ で $\varphi(a)=b$ となるものが $x=a$ のまわりで存在する．この $\varphi(x)$ を用いて $F(x)=f(x,\varphi(x))$ とおくと，合成関数の微分公式 (定理 5.5.3) より

$$\begin{aligned} F'(x) &= f_x(x,\varphi(x))+f_y(x,\varphi(x))\varphi'(x) \\ &= f_x(x,\varphi(x))-f_y(x,\varphi(x))\frac{g_x(x,\varphi(x))}{g_y(x,\varphi(x))} \end{aligned}$$

が得られる．ここで仮定より，$F(x)$ は $x=a$ で極値をとるので $F'(a)=0$ となることと，$\varphi(a)=b$ に注意すると，

$$\begin{aligned} &0=f_x(a,b)-f_y(a,b)\frac{g_x(a,b)}{g_y(a,b)}=f_x(a,b)+\lambda g_x(a,b), \\ &\lambda=-\frac{f_y(a,b)}{g_y(a,b)} \end{aligned}$$

となるが，この2式は

$$f_x(a,b)+\lambda g_x(a,b)=0,\quad f_y(a,b)+\lambda g_y(a,b)=0$$

を満たす定数λが存在することを意味する．また，$g(a,b)=0$は条件$g(x,y)=0$より明らかであり，よって式(5.9.1)を満たすλが存在することが示された．■

定理5.9.1の定数λを**ラグランジュの未定乗数**とよぶ．また$L(\lambda,x,y)$は**ラグランジュ関数**とよばれる．

曲線$g(x,y)=0$が有界閉集合で，関数$f(x,y)$が連続であるとき，定理5.2.3より曲線$g(x,y)=0$上において関数$f(x,y)$は最大値と最小値をもつ．この最大と最小になる点を調べるには，最大値と最小値は極値でもあることから，ラグランジュの未定乗数法を用いて極値の候補となる点を列挙し，そのうち実際に$f(x,y)$が最大と最小になるものを求めればよい．

例題 5.9.1 条件$x^2+xy+y^2=1$のもとで，x^2-xy+y^2の最大値と最小値を求めよ．

[解答] $f(x,y)=x^2-xy+y^2$，$g(x,y)=x^2+xy+y^2-1$とおく．$g_x(x,y)=2x+y=0$かつ$g_y(x,y)=2y+x=0$となるのは$x=y=0$のときであるが，この点は$g(x,y)=0$を満たさないので，曲線$g(x,y)=0$は特異点をもたない．また曲線$g(x,y)=0$は有界閉集合である．よってラグランジュの未定乗数法より，$g(x,y)=0$のもとで関数$f(x,y)$が極値をもつような点(a,b)は

$$f_x(a,b)+\lambda g_x(a,b)=0, \tag{5.9.2}$$

$$f_y(a,b)+\lambda g_y(a,b)=0, \tag{5.9.3}$$

$$g(a,b)=0 \tag{5.9.4}$$

を満たす．このうち式(5.9.2)と式(5.9.3)は

$$\begin{pmatrix} f_x(a,b) & g_x(a,b) \\ f_y(a,b) & g_y(a,b) \end{pmatrix}\begin{pmatrix} 1 \\ \lambda \end{pmatrix}=\begin{pmatrix} 0 \\ 0 \end{pmatrix}$$

と表せる．ここでもし左辺の係数行列が逆行列をもつと仮定すると，その行列を両辺に左からかけることで$\begin{pmatrix} 1 \\ \lambda \end{pmatrix}=\begin{pmatrix} 0 \\ 0 \end{pmatrix}$となり第1成分が矛盾するため，係数行列は逆行列をもたないことがわかる．よって行列式は0となるため，

$$\begin{vmatrix} f_x(a,b) & g_x(a,b) \\ f_y(a,b) & g_y(a,b) \end{vmatrix} = (2a-b)(2b+a)-(2a+b)(2b-a)$$
$$= 4(a-b)(a+b) = 0$$

より，$a=b$ または $a=-b$ が得られる．$a=b$ のとき，式 (5.9.4) に代入して $b=\pm\dfrac{1}{\sqrt{3}}$ となり，また $a=-b$ のとき，式 (5.9.4) に代入して $b=\pm 1$ となる．よって極値をとる候補の点として

$$(a,b) = \left(\frac{1}{\sqrt{3}}, \frac{1}{\sqrt{3}}\right), \left(-\frac{1}{\sqrt{3}}, -\frac{1}{\sqrt{3}}\right), (1,-1), (-1,1)$$

が得られる．このうち最初の 2 点では $f\left(\pm\dfrac{1}{\sqrt{3}}, \pm\dfrac{1}{\sqrt{3}}\right) = \dfrac{1}{3}$ であり，最後の 2 点では $f(\pm 1, \mp 1) = 3$ である．したがって求める最大値は 3 であり，最小値は $\dfrac{1}{3}$ である． ■

ラグランジュの未定乗数法はさらに変数や制約条件が多い場合にも拡張される．たとえば，3 変数関数で制約条件が 2 つある場合には次のようになる．

定理 5.9.2　関数 $f(x,y,z)$, $g(x,y,z)$, $h(x,y,z)$ は C^1 級とする．点 (a,b,c) において $(g_x, g_y, g_z) \neq (0,0,0)$ かつ $(h_x, h_y, h_z) \neq (0,0,0)$ であり，さらに $g_y h_z - g_z h_y \neq 0$ であるとする．また

$$L(\lambda_1, \lambda_2, x, y, z) = f(x,y,z) + \lambda_1 g(x,y,z) + \lambda_2 h(x,y,z)$$

と定める．このとき，条件 $g(x,y,z) = h(x,y,z) = 0$ のもとで関数 $f(x,y,z)$ が点 (a,b,c) で極値をとるならば，$L_x(\lambda_1,\lambda_2,a,b,c)=0$, $L_y(\lambda_1,\lambda_2,a,b,c)=0$, $L_z(\lambda_1,\lambda_2,a,b,c)=0$, $L_{\lambda_1}(\lambda_1,\lambda_2,a,b,c)=0$, $L_{\lambda_2}(\lambda_1,\lambda_2,a,b,c)=0$ を満たす定数 λ_1, λ_2 が存在する．

このように，n 変数関数 $f(x_1, x_2, \ldots, x_n)$ に対し，一般に制約条件が $g_1(x_1, x_2, \ldots, x_n) = 0, \ldots, g_m(x_1, x_2, \ldots, x_n) = 0$ と m 個ある場合，ラグランジュ関数

$$L(\lambda_1, \ldots, \lambda_m, x_1, \ldots, x_n) = f(x_1, x_2, \ldots, x_n) + \sum_{k=1}^{m} \lambda_k g_k(x_1, x_2, \ldots, x_n)$$

を考え，L のすべての変数についての偏微分が 0 という条件から，関数 f が極値をとる点の候補を求めることができる．

演 習 問 題

5.9.1 次の関数 $f(x,y)$ と $g(x,y)$ に対し，条件 $g(x,y)=0$ のもとで $f(x,y)$ の最大値と最小値を求めよ．

(1) $f(x,y)=x^2+y^2$，$g(x,y)=x^2-xy+y^2-1$

(2) $f(x,y)=x+2y$，$g(x,y)=x^2+y^2-5$

(3) $f(x,y)=y$，$g(x,y)=x^4+y^4-1$

5.9.2 原点と，曲線 $3x^2-2xy+3y^2=1$ 上の点との距離の最大値と最小値を求めよ．(ヒント：原点との距離の 2 乗 x^2+y^2 の最大，最小を考えよ．)

6
多変数関数の積分

この章では，多変数関数の積分である「重積分」を学ぶ．重積分の概念は，1 変数関数の定積分を多変数関数へと拡張したものである．1 変数関数の定積分では区間上で積分されるのに対して，2 変数関数や 3 変数関数では 2 次元平面内や 3 次元空間内の有界な閉領域上で積分される．重積分の積分領域の形がさまざまであるため，重積分の基本的性質や累次積分，変数変換による積分など，工夫して計算しなければならない．

6.1 重積分

2 つ以上の変数をもつ多変数関数に 1 変数関数の定積分の概念を拡張することができるが，この節では簡単のために，2 変数関数に限定した重積分を取り扱う．まずはもっとも簡単な積分領域である長方形領域上での重積分を定義する．

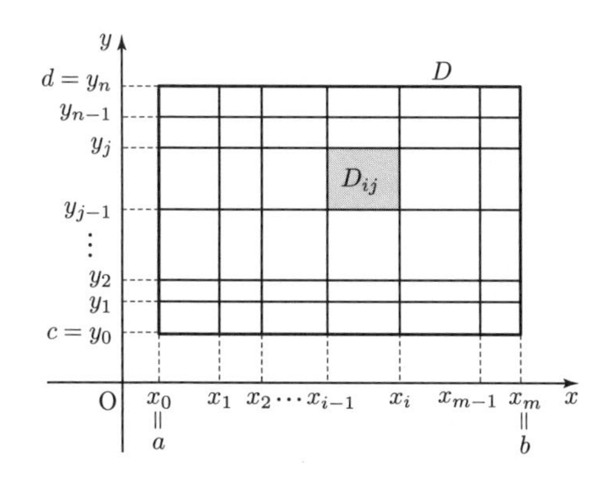

図 6.1

6.1.1 長方形領域上の 2 重積分

2 次元平面 $\boldsymbol{R}^2$ 内の次のような部分集合 D を**長方形領域**という．ただし，a, b, c, d は $a < b, c < d$ を満たす実数とする．

$$D = \{(x, y) \in \boldsymbol{R}^2 \mid a \leqq x \leqq b,\ c \leqq y \leqq d\}.$$

このような長方形領域 D を $D = [a, b] \times [c, d]$ と表すことがある．閉区間 $[a, b]$ を m 分割し，閉区間 $[c, d]$ を n 分割すると，図 6.1 のように，D を mn 個の小さい長方形に分割することができる．このような分割を

$$\Delta : \quad \begin{aligned} &a = x_0 < x_1 < \cdots < x_m = b, \\ &c = y_0 < y_1 < \cdots < y_n = d \end{aligned}$$

と表す．長方形領域 D の分割 Δ によって得られた各小長方形を

$$D_{ij} = \{(x, y) \in \boldsymbol{R}^2 \mid x_{i-1} \leqq x \leqq x_i,\ y_{j-1} \leqq y \leqq y_j\}$$

と表し，小長方形 D_{ij} の対角線の長さの最大値を

$$\|\Delta\| = \max_{\substack{i=1,2,\ldots,m \\ j=1,2,\ldots,n}} \sqrt{(x_{i-1} - x_i)^2 + (y_{j-1} - y_j)^2}$$

と書き，分割 Δ の**幅**という．

関数 $f(x, y)$ を長方形領域 $D = [a, b] \times [c, d]$ 上で定義された有界な関数とする．D の分割 Δ に対して，各小長方形 D_{ij} 内に点 $\mathrm{P}_{ij}(\xi_{ij}, \eta_{ij})$ をとる．底面が D_{ij}，「高さ」$f(\xi_{ij}, \eta_{ij})$ の直方体の「体積」の総和 $S(f, \Delta, \{\mathrm{P}_{ij}\})$ を，分割 Δ と点列 $\{\mathrm{P}_{ij}\}$ に関する $f(x, y)$ の**リーマン和**という．すなわち，

$$S(f, \Delta, \{\mathrm{P}_{ij}\}) = \sum_{i=1}^{m} \sum_{j=1}^{n} f(\xi_{ij}, \eta_{ij})(x_i - x_{i-1})(y_j - y_{j-1})$$

である．ここで，$\|\Delta\| \to 0$ としたとき，リーマン和 $S(f, \Delta, \{\mathrm{P}_{ij}\})$ が分割 Δ および 点列 $\{\mathrm{P}_{ij}\}$ のとり方によらずに，一定の値 $S(f)$ に収束するならば，関数 f は D で**積分可能**であるという．このとき，極限値 $S(f)$ を D における関数 $f(x, y)$ の**重積分** (または **2 重積分**) といい，

$$S(f) = \iint_D f(x, y)\, dxdy$$

と表す．

○**例 6.1.1** 長方形領域 $D=[0,1]\times[0,1]$ 上で定義された有界な関数 $f(x,y)$ として,

$$f(x,y)=\begin{cases}1 & (x,y\ \text{のどちらも有理数であるとき})\\ 0 & (\text{そうではないとき})\end{cases}$$

を考える.有理数の稠密性により,どのような小長方形 D_{ij} にも ξ_{ij},η_{ij} のどちらも有理数であるような点 $\mathrm{P}_{ij}(\xi_{ij},\eta_{ij})$ が存在する.そのような点のみを点列 $\{\mathrm{P}_{ij}\}$ として考えたとき,リーマン和は $S(f,\Delta,\{\mathrm{P}_{ij}\})=1$ である.一方,ξ_{ij} または η_{ij} が無理数であるような点のみを点列 $\{\mathrm{Q}_{ij}\}$ として考えたとき,リーマン和は $S(f,\Delta,\{\mathrm{Q}_{ij}\})=0$ である.このとき,$\|\Delta\|\to 0$ としたとき,リーマン和は一定の値に収束しないので,関数 $f(x,y)$ は積分可能ではない.

一般の有界な関数 $f(x,y)$ に対して積分可能であるかどうかを判定することは難しいが,次の定理は有用である.

定理 6.1.1 長方形領域 D 上で連続な関数 $f(x,y)$ は D 上で積分可能である.

1 変数関数の定積分と同様に,証明は関数 $f(x,y)$ の一様連続性の概念を必要とするが,本書の範囲を超えるので,定理 6.1.1 の証明は省略する.

6.1.2 一般の有界な閉集合における 2 重積分

長方形領域とは限らない有界な閉集合 D 上で定義された有界な関数 $f(x,y)$ を考える.D は有界であるので,D を含む長方形領域 R が存在する.このとき,長方形領域 R 上で定義される有界な関数 $\widetilde{f}(x,y)$ を

$$\widetilde{f}(x,y)=\begin{cases}f(x,y) & ((x,y)\in D)\\ 0 & ((x,y)\notin D)\end{cases}$$

と定める.関数 $\widetilde{f}(x,y)$ が長方形領域 R 上で積分可能であるとき,関数 $f(x,y)$ は D 上で**積分可能**であると定義する.このとき,$f(x,y)$ の D 上の**重積分** (または **2 重積分**) を

$$\iint_D f(x,y)\,dxdy=\iint_R \widetilde{f}(x,y)\,dxdy$$

と定める．この定義が D を含む長方形領域 R のとり方に依存しないことを注意する．また，このときの D を重積分の**積分領域**という．このため，この章では積分領域のことを簡単に「領域」ということもあるが，この場合に使用される「領域」という言葉は 5 章で定めた「連結な開集合」を意味するものではない．

定理 6.1.1 と同様に，次の定理は有用である．

定理 6.1.2　座標平面の部分集合 D を有限個の連続な曲線で囲まれた有界な閉領域とする．このとき，D 上で連続な関数 $f(x,y)$ は D 上で積分可能である．

有限個の連続な曲線で囲まれた有界な閉領域 D に対して，D 上でつねに 1 の値をとる関数は D 上で連続であるので，

$$\mu(D) = \iint_D 1\,dxdy$$

が定まる．$\mu(D)$ を D の**面積**という．定積分と同様に，$\displaystyle\iint_D 1\,dxdy = \iint_D dxdy$ と書くこともある．

以下，特に断らない限り，積分領域 D は有限個の連続な曲線で囲まれた有界な閉領域，または，そのような有限個の有界な閉領域の和集合であるとする．次の定理 6.1.3，定理 6.1.4 は証明なしで述べるが，2 重積分の基本的性質である．

定理 6.1.3　関数 $f(x,y), g(x,y)$ は有界な閉集合 D 上で積分可能であるとする．このとき，

(1)　定数 a, b に対して，関数 $af(x,y)+bg(x,y)$ も D 上で積分可能であり，

$$\iint_D (af(x,y)+bg(x,y))\,dxdy = a\iint_D f(x,y)\,dxdy + b\iint_D g(x,y)\,dxdy.$$

(2)　D においてつねに $f(x,y) \leqq g(x,y)$ であるならば，

$$\iint_D f(x,y)\,dxdy \leqq \iint_D g(x,y)\,dxdy.$$

(3)　$|f(x,y)|$ も D 上で積分可能であり，

$$\left|\iint_D f(x,y)\,dxdy\right| \leqq \iint_D |f(x,y)|\,dxdy.$$

(4) D が 2 つの閉領域 D_1, D_2 の和集合で表され，D_1 と D_2 が境界以外で共有点をもたないものとする．さらに，関数 $f(x,y)$ が 2 つの領域 D_1, D_2 でも積分可能であるならば，

$$\iint_D f(x,y)\,dxdy = \iint_{D_1} f(x,y)\,dxdy + \iint_{D_2} f(x,y)\,dxdy.$$

定理 6.1.4 (平均値の定理) 連結な有界な閉領域 D 上で連続な関数 $f(x,y)$ に対して，

$$\frac{1}{\mu(D)}\iint_D f(x,y)\,dxdy = f(c,d)$$

を満たす点 $(c,d) \in D$ が存在する．

6.1.3 累次積分

2 重積分の具体的な計算方法を考察する．簡単のために関数 $f(x,y)$ は長方形領域 $D = [a,b] \times [c,d]$ 上で定義された連続関数で，$f(x,y) \geqq 0$ であるとする．このとき，2 重積分 $\displaystyle\iint_D f(x,y)\,dxdy$ は，上面が曲面 $z = f(x,y)$ であり，底面が D であるような立体 B の体積 V であると解釈することができる．

固定された y_* $(c \leqq y_* \leqq d)$ に対して，関数 $f(x,y_*)$ は閉区間 $[a,b]$ 上で連続な x についての関数であり，定積分

$$A(y_*) = \int_a^b f(x,y_*)\,dx$$

は y 軸に垂直な平面 $y = y_*$ と立体 B との交わる部分の面積である (図 6.2)．したがって，体積 V は

$$V = \int_c^d A(y)\,dy = \int_c^d \left(\int_a^b f(x,y)\,dx\right)dy$$

である．すなわち，定積分を 2 回繰り返して行うことで，2 重積分 $\displaystyle\iint_D f(x,y)\,dxdy$ を計算することができる．

閉区間 $[a,b]$ で定義された 2 つの連続関数 $\varphi_1(x), \varphi_2(x)$ $(\varphi_1(x) \leqq \varphi_2(x))$ に対して，平面 $\boldsymbol{R}^2$ の有界な閉領域

$$\{(x,y) \in \boldsymbol{R}^2 \mid a \leqq x \leqq b,\ \varphi_1(x) \leqq y \leqq \varphi_2(x)\}$$

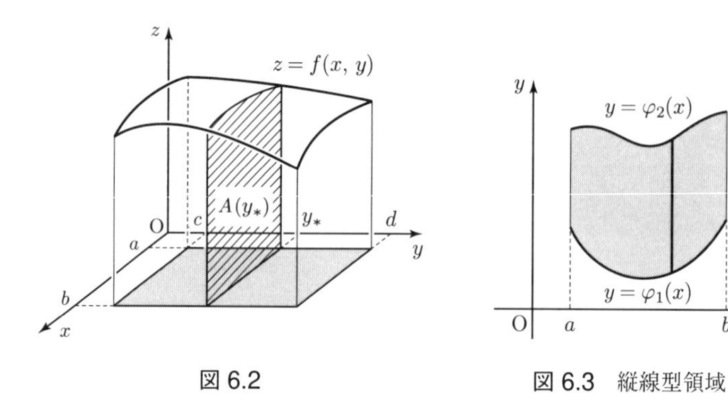

図 6.2

図 6.3 縦線型領域

を**縦線型領域**という (図 6.3). また, 閉区間 $[c,d]$ で定義された 2 つの連続関数 $\psi_1(y), \psi_2(y)$ $(\psi_1(y) \leqq \psi_2(y))$ に対して, 平面 $\boldsymbol{R}^2$ の有界な閉領域

$$\{(x,y) \in \boldsymbol{R}^2 \mid c \leqq y \leqq d,\ \psi_1(y) \leqq x \leqq \psi_2(y)\}$$

を**横線型領域**という.

積分領域 D が縦線型領域や横線型領域である場合, 次の定理によって, 2 回の定積分を繰り返して行うことで 2 重積分を計算することができる. このような積分を**累次積分**という.

定理 6.1.5 (フビニの定理) (1) 関数 $f(x,y)$ は縦線型領域

$$D = \{(x,y) \in \boldsymbol{R}^2 \mid a \leqq x \leqq b,\ \varphi_1(x) \leqq y \leqq \varphi_2(x)\}$$

で連続であるとする. このとき,

$$\iint_D f(x,y)\,dxdy = \int_a^b \left(\int_{\varphi_1(x)}^{\varphi_2(x)} f(x,y)\,dy \right) dx. \tag{6.1.1}$$

(2) 関数 $f(x,y)$ は横線型領域

$$D = \{(x,y) \in \boldsymbol{R}^2 \mid c \leqq y \leqq d,\ \psi_1(y) \leqq x \leqq \psi_2(y)\}$$

で連続であるとする. このとき,

$$\iint_D f(x,y)\,dxdy = \int_c^d \left(\int_{\psi_1(y)}^{\psi_2(y)} f(x,y)\,dx \right) dy. \tag{6.1.2}$$

[証明] (1) 詳細は省略するが, 関数の有界性や一様連続性などにより, x についての関数 $\displaystyle\int_{\varphi_1(x)}^{\varphi_2(x)} f(x,y)\,dy$ は閉区間 $[a,b]$ 上の連続関数であることがわかる. よって, 等式 (6.1.1) の左辺は積分可能である.

関数 $y = \varphi_1(x), y = \varphi_2(x)$ は閉区間 $[a, b]$ で連続であるので，最大値・最小値をもつ．関数 $y = \varphi_1(x)$ の最小値を c とし，関数 $y = \varphi_2(x)$ の最大値を d とする．このとき，縦線型領域 D は長方形領域 $R = [a, b] \times [c, d]$ に含まれる．R 上の関数 $\widetilde{f}$ を

$$\widetilde{f}(x, y) = \begin{cases} f(x, y) & ((x, y) \in D) \\ 0 & ((x, y) \notin D) \end{cases}$$

により定義する．

長方形領域 $R = [a, b] \times [c, d]$ の分割

$$\Delta : \quad \begin{array}{l} a = x_0 < x_1 < \cdots < x_m = b, \\ c = y_0 < y_1 < \cdots < y_n = d \end{array}$$

をとる．閉区間 $[x_{i-1}, x_i]$ 内の任意の点 ξ_i に対して，定積分に関する平均値の定理 (定理 4.4.2) により，

$$\int_{y_{j-1}}^{y_j} \widetilde{f}(\xi_i, y)\, dy = \widetilde{f}(\xi_i, \eta_j)(y_j - y_{j-1})$$

を満たす η_j $(y_{j-1} < \eta_j < y_j)$ が存在する．一方，

$$F(x) = \int_{\varphi_1(x)}^{\varphi_2(x)} f(x, y)\, dy$$

とおくと，関数 $F(x)$ は閉区間 $[a, b]$ で積分可能である．このとき，

$$\begin{aligned} F(\xi_i) &= \int_{\varphi_1(\xi_i)}^{\varphi_2(\xi_i)} f(\xi_i, y)\, dy = \int_c^d \widetilde{f}(\xi_i, y)\, dy \\ &= \sum_{j=1}^{n} \int_{y_{j-1}}^{y_j} \widetilde{f}(\xi_i, y)\, dy = \sum_{j=1}^{n} \widetilde{f}(\xi_i, \eta_j)(y_j - y_{j-1}) \end{aligned}$$

である．よって，

$$\sum_{i=1}^{m} F(\xi_i)(x_i - x_{i-1}) = \sum_{i=1}^{n} \sum_{j=1}^{n} \widetilde{f}(\xi_i, \eta_j)(x_i - x_{i-1})(y_j - y_{j-1}) \qquad (6.1.3)$$

が成立する．ここで，$\|\Delta\| \to 0$ となるようにすると，$F(x)$ の積分可能性により，等式 (6.1.3) の左辺は

$$\int_a^b F(x)\, dx = \int_a^b \left(\int_{\varphi_1(x)}^{\varphi_2(x)} f(x, y)\, dy \right) dx$$

に収束する．また，関数 $f(x,y)$ は縦線型領域 D で連続であり，よって，積分可能であるので，点列 $\{(\xi_i,\eta_j)\}$ のとり方によらずに，等式 (6.1.3) の右辺は

$$\iint_R \widetilde{f}(x,y)\,dxdy = \iint_D f(x,y)\,dxdy$$

に収束する．したがって，等式 (6.1.1) を得る．等式 (6.1.2) も同様にして証明することができる． ■

●注意　(1)　等式 (6.1.1), (6.1.2) の右辺をそれぞれ，

$$\int_a^b dx \int_{\varphi_1(x)}^{\varphi_2(x)} f(x,y)\,dy, \quad \int_c^d dy \int_{\psi_1(y)}^{\psi_2(y)} f(x,y)\,dx$$

と書くこともある．

(2)　$\displaystyle\int_a^b \left(\int_{\varphi_1(x)}^{\varphi_2(x)} f(x,y)\,dy\right)dx = \int_a^b dx \int_{\varphi_1(x)}^{\varphi_2(x)} f(x,y)\,dy$ では，先に「y で」積分し，次に「x で」積分すると考えればよい．

同様に，$\displaystyle\int_c^d \left(\int_{\psi_1(y)}^{\psi_2(y)} f(x,y)\,dx\right)dy = \int_c^d dy \int_{\psi_1(y)}^{\psi_2(y)} f(x,y)\,dx$ では，先に「x で」積分し，次に「y で」積分するとすればよい．

(3)　長方形領域 $D=[a,b]\times[c,d]$ は縦線型領域でも横線型領域でもあるので，定理 6.1.5 により，

$$\iint_D f(x,y)\,dxdy = \int_a^b \left(\int_c^d f(x,y)\,dy\right)dx = \int_c^d \left(\int_a^b f(x,y)\,dx\right)dy$$

が成立する．

例題 6.1.1　次の重積分を計算せよ．

$$\iint_D (x^2+xy)\,dxdy, \quad D=[-1,1]\times[1,2]$$

［解答］　累次積分により，

$$\begin{aligned}\iint_D (x^2+xy)\,dxdy &= \int_{-1}^1 \left(\int_1^2 (x^2+xy)\,dy\right)dx \\ &= \int_{-1}^1 \left[x^2y+\frac{1}{2}xy^2\right]_1^2 dx \\ &= \int_{-1}^1 \left(x^2+\frac{3}{2}x\right)dx = \left[\frac{1}{3}x^3+\frac{3}{4}x^2\right]_{-1}^1 = \frac{2}{3}.\end{aligned}$$ ■

例題 6.1.2 次の重積分を計算せよ．

$$\iint_D 3xy^2\,dxdy, \quad D : 1 \leqq x \leqq 2,\ x \leqq y \leqq x^2$$

［解答］ 積分領域 D を縦線型領域とみなすと，

$$\iint_D 3xy^2\,dxdy = \int_1^2 \left(\int_x^{x^2} 3xy^2\,dy\right)dx = \int_1^2 \left[xy^3\right]_x^{x^2} dx$$
$$= \int_1^2 (x^7 - x^4)\,dx = \frac{1027}{40}.$$

一方，D は，2 つの横線型領域 $D_1 : 1 \leqq y \leqq 2,\ \sqrt{y} \leqq x \leqq y$，$D_2 : 2 \leqq y \leqq 4,\ \sqrt{y} \leqq x \leqq 2$ の和集合とみなすことができる．

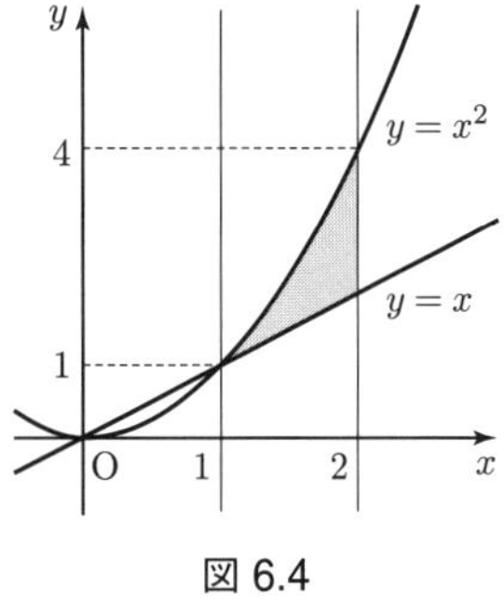

図 6.4

よって，

$$\iint_D 3xy^2\,dxdy$$
$$= \iint_{D_1} 3xy^2\,dxdy + \iint_{D_2} 3xy^2\,dxdy$$
$$= \int_1^2 dy \int_{\sqrt{y}}^{y} 3xy^2\,dx + \int_2^4 dy \int_{\sqrt{y}}^{2} 3xy^2\,dx$$
$$= \frac{147}{40} + 22 = \frac{1027}{40}.$$

■

例題 6.1.3 次の重積分を計算せよ．

$$\iint_D e^{y^2}\,dxdy, \quad D : 0 \leqq x \leqq 2,\ \frac{x}{2} \leqq y \leqq 1$$

［解答］ 積分領域 D を縦線型領域とみなすと，累次積分

$$\iint_D e^{y^2}\,dxdy = \int_0^2 \left(\int_{\frac{x}{2}}^{1} e^{y^2}\,dy\right)dx$$

となるが，不定積分 $\int e^{y^2}\,dy$ を初等関数として表すことができないために，これ以上の具体的な計算ができない．そこで，D を横線型領域

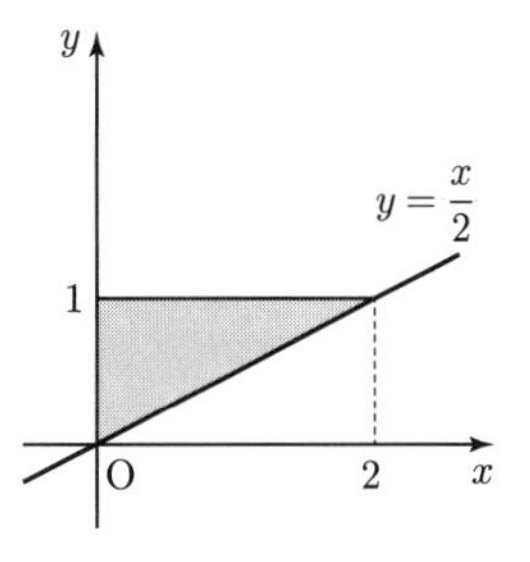

図 6.5

$$D : 0 \leqq y \leqq 1,\ 0 \leqq x \leqq 2y$$

とみなすことにより，

$$\iint_D e^{y^2}\,dxdy = \int_0^1 dy \int_0^{2y} e^{y^2}\,dx = \int_0^1 \left[xe^{y^2}\right]_0^{2y} dy$$
$$= \int_0^1 2ye^{y^2}\,dy = e-1$$

と計算することができる． ■

例題 6.1.2 や例題 6.1.3 のように，積分領域 D を縦線型領域と横線型領域の両方の立場でみなすことができるとき，縦線型領域での 2 重積分を横線型領域での 2 重積分に変えることができる．または，その逆の変更をすることができる．これを**積分順序を交換する**という．例題 6.1.3 のように，積分順序の交換をすることで，2 重積分を具体的に計算することができることがある．

例題 6.1.4 次の累次積分の積分順序を交換せよ．

$$\int_0^1 dx \int_{x^2}^{x} f(x,y)\,dy$$

［解答］ 問題の積分領域 D は縦線型領域

$$D = \{(x,y) \in \boldsymbol{R}^2 \mid 0 \leqq x \leqq 1,\ x^2 \leqq y \leqq x\}$$

である．これを横線型領域として表すと，

$$D = \{(x,y) \in \boldsymbol{R}^2 \mid 0 \leqq y \leqq 1,\ y \leqq x \leqq \sqrt{y}\}$$

である．よって，

$$\int_0^1 dx \int_{x^2}^{x} f(x,y)\,dy = \int_0^1 dy \int_y^{\sqrt{y}} f(x,y)\,dx$$

である． ■

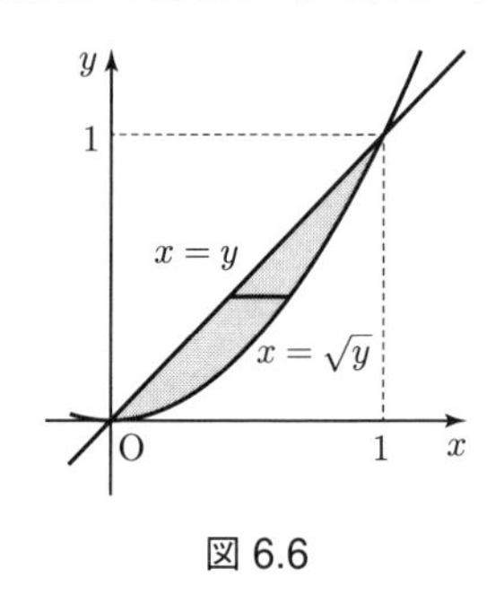

図 6.6

演 習 問 題

6.1.1 定数値関数 $f(x,y)=k$ は，長方形領域 $[a,b]\times[c,d]$ において積分可能であることを定義に従って証明し，その重積分を求めよ．

6.1.2 長方形領域 $D=[a,b]\times[c,d]$ で連続な $f(x,y)$, $g(x,y)$ に対して，定理 6.1.3 (1), (2), (3) を証明せよ．

6.1.3 閉区間 $[a,b]$ で定義された x についての連続関数 $g(x)$ と閉区間 $[c,d]$ で定義された y についての連続関数 $h(y)$ に対して，長方形領域 $D=[a,b]\times[c,d]$ で定義さ

れた関数 $f(x,y)$ を $f(x,y)=g(x)h(y)$ と定める．このとき，次の等式が成立することを示せ．

$$\iint_D f(x,y)\,dxdy = \left(\int_a^b g(x)\,dx\right)\left(\int_c^d h(y)\,dy\right).$$

6.1.4 次の2重積分 $\displaystyle\iint_D f(x,y)\,dxdy$ の積分領域 D を縦線型領域とみなしたときの重積分の累次積分としての表示と，横線型領域とみなしたときの累次積分の表示を求めよ．

(1) D は曲線 $y=x^2$ と3つの直線 $y=0,\ y=1,\ x=2$ で囲まれた領域．

(2) D は曲線 $y=x^2$ と2つの直線 $x=0,\ y=-x+2$ で囲まれた領域．

6.1.5 次の2重積分を計算せよ．

(1) $\displaystyle\iint_D xe^{xy}\,dxdy,\quad D=[0,1]\times[1,2]$

(2) $\displaystyle\iint_D (x+y)\sin y\,dxdy,\quad D: 0 \leqq x \leqq \frac{\pi}{2},\ 0 \leqq y \leqq x$

(3) $\displaystyle\iint_D \frac{x}{y}\,dxdy,\quad D: 0 \leqq x \leqq 1,\ 1 \leqq y \leqq e^x$

(4) $\displaystyle\iint_D \cos x\cos^3 y\,dxdy,\quad D: 0 \leqq y \leqq \frac{\pi}{2},\ 0 \leqq x \leqq y$

(5) $\displaystyle\iint_D (x+y)\,dxdy,\quad D: 0 \leqq x \leqq 2,\ -x^2+2x \leqq y \leqq 3-3|x-1|$

6.1.6 積分の順序を交換することにより，次の累次積分を計算せよ．

(1) $\displaystyle\int_0^{\frac{\sqrt{\pi}}{2}} dx \int_x^{\frac{\sqrt{\pi}}{2}} \sin y^2\,dy$　　(2) $\displaystyle\int_0^1 dy \int_y^1 e^{\frac{y}{x}}\,dx$

6.1.7 次の問いに答えよ．

(1) 次の**ディリクレの公式**を示せ．ただし，$a<b$ とする．

$$\int_a^b dx \int_a^x f(x,y)\,dy = \int_a^b dy \int_y^b f(x,y)\,dx.$$

(2) 次の等式を示せ．

$$\int_0^1 dx \int_0^x f(x-y)\,dy = \int_0^1 (1-x)f(x)\,dx.$$

6.2 変数変換

6.2.1 2重積分の変数変換

1変数関数 $x = g(t)$ が閉区間 $[a, b]$ において微分可能で，単調増加あるいは単調減少であるとき，関数 $g(t)$ は1対1関数であり，

$$\int_a^b f(x)\,dx = \int_{g^{-1}(a)}^{g^{-1}(b)} f(g(t))g'(t)\,dt \tag{6.2.1}$$

が成り立つ (定積分の置換積分法). ただし，$g^{-1}(x)$ は $g(t)$ の逆関数である．関数 $g(t)$ が単調減少である場合には，$g^{-1}(b) < g^{-1}(a)$ であるので，式 (6.2.1) は

$$\int_a^b f(x)\,dx = -\int_{g^{-1}(b)}^{g^{-1}(a)} f(g(t))g'(t)\,dt = \int_{g^{-1}(b)}^{g^{-1}(a)} f(g(t))|g'(t)|\,dt$$

となり，最右辺の定積分は積分区間の大きいほうの端点を上におく通常の定積分の表示の方法となる．よって，定積分の置換積分法は

$$\int_a^b f(x)\,dx = \int_\alpha^\beta f(g(t))|g'(t)|\,dt \tag{6.2.2}$$

と表すことができる．ただし，$\alpha = \min\{g^{-1}(a), g^{-1}(b)\}$, $\beta = \max\{g^{-1}(a), g^{-1}(b)\}$ である．置換積分法は1変数関数の定積分 (不定積分) を計算する際の有効な手段であった．この節では，重積分に対する置換積分を考察する．

● **1次変換**：$ad - bc \neq 0$ である1次変換 (線形変換)

$$\begin{cases} x = au + bv \\ y = cu + dv \end{cases} \tag{6.2.3}$$

によって，uv 平面上の単位正方形 OABC は xy 平面上の平行四辺形 $\mathrm{OA'B'C'}$ へ写される．このとき，$\overrightarrow{\mathrm{OA'}} = \begin{pmatrix} a \\ c \end{pmatrix}$, $\overrightarrow{\mathrm{OC'}} = \begin{pmatrix} b \\ d \end{pmatrix}$ である．

平行四辺形 $\mathrm{OA'B'C'}$ の面積は

$$\left|\det\begin{pmatrix} a & b \\ c & d \end{pmatrix}\right| = |ad - bc|$$

である．このことから，uv 平面上の座標軸と平行な辺をもつ任意の長方形 R と1次変換 (6.2.3) によって写される平行四辺形 R' の面積比は $|ad - bc|$ で

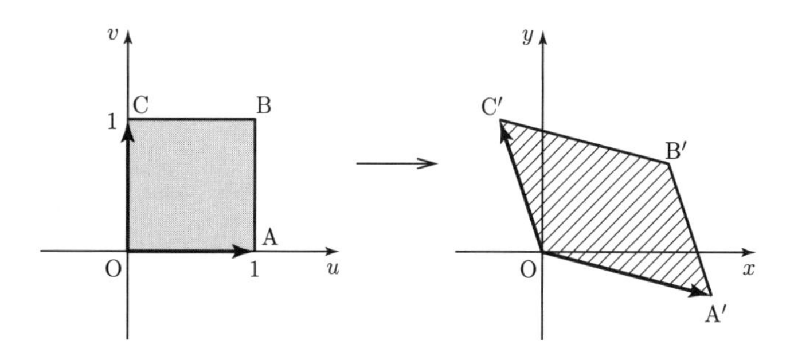

図 6.7

あることがわかる．よって，1 次変換 (6.2.3) によって，uv 平面上の微小な長方形の面積 $\Delta u \Delta v$ は $|ad-bc|$ 倍されて微小な長方形の面積 $\Delta x \Delta y$ に対応する．すなわち，

$$\Delta x \Delta y = |ad-bc| \Delta u \Delta v, \quad \text{よって，} dxdy = |ad-bc|\, dudv$$

が成り立つ．このことを重積分の定義式において考慮することにより，次の等式を得ることができる．ただし，1 次変換 (6.2.3) によって uv 平面内の閉領域 E が xy 平面内の閉領域 D に写されたとする．

$$\iint_D f(x,y)\, dxdy = \iint_E f(au+bv, cu+dv)|ad-bc|\, dudv. \qquad (6.2.4)$$

例題 6.2.1 次の重積分を計算せよ．

$$\iint_D (x+y)^2\, dxdy, \quad D: -1 \leqq 2x+y \leqq 2,\ -1 \leqq x-y \leqq 1$$

［解答］ 1 次変換

$$\begin{cases} u = 2x+y \\ v = x-y \end{cases}, \quad \text{すなわち，} \begin{pmatrix} x \\ y \end{pmatrix} = \frac{1}{3}\begin{pmatrix} 1 & 1 \\ 1 & -2 \end{pmatrix}\begin{pmatrix} u \\ v \end{pmatrix}$$

を行うと，D は

$$E = \{(u,v) \mid -1 \leqq u \leqq 2,\ -1 \leqq v \leqq 1\}$$

に対応する．

この 1 次変換によって，

$$dxdy = \left|\frac{1}{3} \times \frac{(-2)}{3} - \frac{1}{3} \times \frac{1}{3}\right| dudv = \frac{1}{3}\, dudv$$

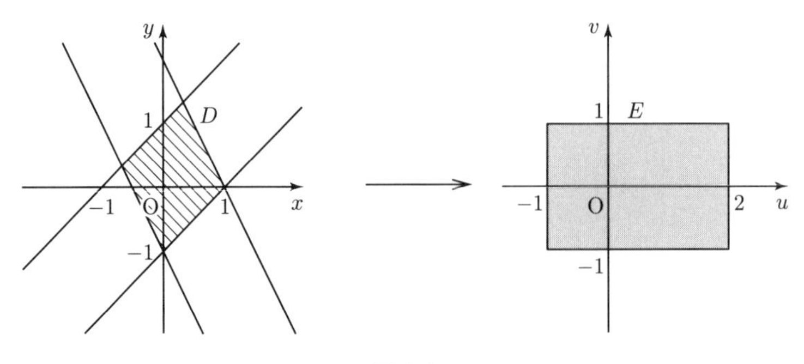

図 6.8

であるので，

$$\iint_D (x+y)^2\,dxdy = \iint_E \left\{\frac{1}{3}(2u-v)\right\}^2 \cdot \frac{1}{3}\,dudv$$
$$= \frac{1}{27}\int_{-1}^{2} du \int_{-1}^{1} (2u-v)^2\,dv = \frac{26}{27}$$

である． ■

●一般の変数変換：C^1 級関数からなる変換

$$\begin{cases} x = \varphi(u,v) \\ y = \psi(u,v) \end{cases} \tag{6.2.5}$$

を考える．次の 2 次正方行列の行列式

$$\det\begin{pmatrix} \dfrac{\partial\varphi}{\partial u} & \dfrac{\partial\varphi}{\partial v} \\ \dfrac{\partial\psi}{\partial u} & \dfrac{\partial\psi}{\partial v} \end{pmatrix} = \begin{vmatrix} \dfrac{\partial\varphi}{\partial u} & \dfrac{\partial\varphi}{\partial v} \\ \dfrac{\partial\psi}{\partial u} & \dfrac{\partial\psi}{\partial v} \end{vmatrix}$$

を変換 (6.2.5) の**ヤコビアン**または**ヤコビ行列式**といい，$J(u,v)$ または $\dfrac{\partial(\varphi,\psi)}{\partial(u,v)}$ と書く．

ヤコビアンが $J(u,v) \neq 0$ であるような変換 (6.2.5) によって，uv 平面上の領域 E が xy 平面上の領域 D の上へ 1 対 1 に写されるものとする．微小な $\Delta u, \Delta v$ について，E 内の 4 点 P, Q, R, S を $\mathrm{P}(a,b), \mathrm{Q}(a+\Delta u, b), \mathrm{R}(a+\Delta u, b+\Delta v), \mathrm{S}(a, b+\Delta v)$ とし，E 内の 4 点 P, Q, R, S が変換 (6.2.5) によって写った点をそれぞれ $\mathrm{P}', \mathrm{Q}', \mathrm{R}', \mathrm{S}'$ とおく．さらに，xy 平面内の 2 点

$(\varphi(a,b)+\varphi_u(a,b)\Delta u, \psi(a,b)+\psi_u(a,b)\Delta u)$, $(\varphi(a,b)+\varphi_v(a,b)\Delta v, \psi(a,b)+\psi_v(a,b)\Delta v)$ をそれぞれ Q$''$,S$''$ とおく．このとき，1変数関数および2変数関数のテイラー展開により，E 内の任意の点 (a,b) のまわりで，

$$\varphi(a+\Delta u, b) - \varphi(a,b) \fallingdotseq \varphi_u(a,b)\Delta u,$$
$$\psi(a+\Delta u, b) - \psi(a,b) \fallingdotseq \psi_u(a,b)\Delta u,$$
$$\varphi(a, b+\Delta v) - \varphi(a,b) \fallingdotseq \varphi_v(a,b)\Delta v,$$
$$\psi(a, b+\Delta v) - \psi(a,b) \fallingdotseq \psi_v(a,b)\Delta v,$$
$$\varphi(a+\Delta u, b+\Delta v) - \varphi(a,b) \fallingdotseq \varphi_u(a,b)\Delta u + \varphi_v(a,b)\Delta v,$$
$$\psi(a+\Delta u, b+\Delta v) - \psi(a,b) \fallingdotseq \psi_u(a,b)\Delta u + \psi_v(a,b)\Delta v$$

と1次近似される．これにより，変数変換 (6.2.5) で uv 平面上の長方形 PQRS を写した結果の領域は，xy 平面上の平行四辺形 P$'$Q$''$R$''$S$''$ に非常に近いことがわかる．

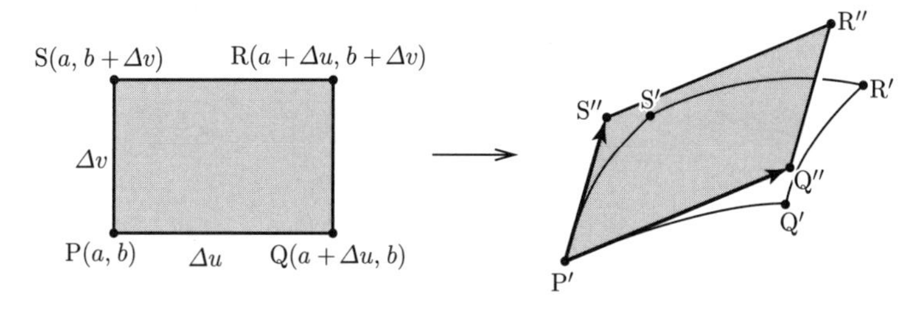

図 6.9

ここで，

$$\overrightarrow{\mathrm{P'Q''}} = \begin{pmatrix} \varphi_u(a,b)\Delta u \\ \psi_u(a,b)\Delta u \end{pmatrix}, \quad \overrightarrow{\mathrm{P'S''}} = \begin{pmatrix} \varphi_v(a,b)\Delta v \\ \psi_v(a,b)\Delta v \end{pmatrix}$$

であるので，平行四辺形 P$'$Q$''$R$''$S$''$ の面積は

$$\left|\det\begin{pmatrix} \varphi_u(a,b)\Delta u & \varphi_v(a,b)\Delta v \\ \psi_u(a,b)\Delta u & \psi_v(a,b)\Delta v \end{pmatrix}\right| = \left|\det\begin{pmatrix} \varphi_u(a,b) & \varphi_v(a,b) \\ \psi_u(a,b) & \psi_v(a,b) \end{pmatrix}\right| \Delta u \Delta v$$
$$= |J(a,b)|\Delta u \Delta v$$

である．よって，2重積分は次のリーマン和で近似される．

$$\iint_D f(x,y)\,dxdy \fallingdotseq \sum_{i,j} f(\varphi(u_{ij}^*, v_{ij}^*), \psi(u_{ij}^*, v_{ij}^*))|J(u_{ij}^*, v_{ij}^*)|\Delta u_{ij}\Delta v_{ij}.$$

ここで，$\Delta u_{ij} \to 0$, $\Delta v_{ij} \to 0$ とすれば，右辺はある 2 重積分の値に近づく．したがって，次の定理を得る．厳密な証明はかなり複雑なので，割愛する．

定理 6.2.1 (2 重積分の変数変換)　C^1 級の変数変換 $x = \varphi(u,v)$, $y = \psi(u,v)$ によって，xy 平面上の有界な閉領域 D が uv 平面上の有界な閉領域 E と 1 対 1 に対応しているものとする．また，任意の $(u,v) \in E$ に対して，この変換のヤコビアン $J(u,v)$ が $J(u,v) \neq 0$ を満たしているものとする．このとき，D で連続な関数 $f(x,y)$ に対して，

$$\iint_D f(x,y)\,dxdy = \iint_E f(\varphi(u,\,v), \psi(u,v))|J(u,v)|\,dudv$$

が成り立つ．

●**注意**　E と D の間の変換が E 上で 1 対 1 でなくても，面積が 0 であるような E 内の集合 V (たとえば，有限個の点の集合や連続曲線など) を除いて 1 対 1 であり，V を除いた他の点で $J(u,v) \neq 0$ であるならば，定理 6.2.1 が成立することが知られている．

●**極座標変換**：2 重積分の変数変換のなかでよく利用されるものの 1 つは，**極座標変換**

$$x = r\cos\theta, \quad y = r\sin\theta$$

である．

命題 6.2.2 (2 重積分の極座標変換)　xy 平面上の有界な閉領域 D が極座標変換 $x = r\cos\theta$, $y = r\sin\theta$ によって，$r\theta$ 平面上の有界な閉領域 E に対応しているものとする．このとき，D で連続な関数 $f(x,y)$ に対して，

$$\iint_D f(x,y)\,dxdy = \iint_E f(r\cos\theta, r\sin\theta)r\,drd\theta$$

が成り立つ．

[証明]　極座標変換のヤコビアンは

$$\frac{\partial(x,y)}{\partial(r,\theta)} = \det\begin{pmatrix} \cos\theta & -r\sin\theta \\ \sin\theta & r\cos\theta \end{pmatrix} = r$$

である．極座標変換が 1 対 1 でなくなる状況は次の (i), (ii) の場合である．

(i)　D が原点 $(0,0)$ を含む場合．すなわち，D の原点は E の線分 $r = 0$ に対応し，1 対 1 ではない．

(ii) E が線分 $\theta = 0$ と線分 $\theta = 2\pi$ の両方を含む場合．同じ r の両線分上の点は極座標変換によって D 上の同じ点に写され，両線分上で1対1ではない．

また，線分 $r = 0$ 以外では，$\dfrac{\partial(x, y)}{\partial(r, \theta)} \neq 0$ である．よって，(i) や (ii) の1対1でない点の集合は線分であり，定理 6.2.1 の下の注意により，定理 6.2.1 がこれらの場合でも適用することができる．

以上の考察により，求める等式を得ることができる． ■

例題 6.2.2 次の重積分を計算せよ．

(1) $\displaystyle\iint_D \frac{1}{x^2 + y^2}\, dxdy, \quad D : 1 \leqq x^2 + y^2 \leqq 2$

(2) $\displaystyle\iint_D x\, dxdy, \quad D : x^2 + y^2 \leqq 2ax \quad$ (ただし，$a > 0$)

［解答］ (1) 極座標変換 $x = r\cos\theta,\ y = r\sin\theta$ により，積分領域 D は $r\theta$ 平面の領域

$$E = \{(r, \theta) \mid 1 \leqq r \leqq \sqrt{2},\ 0 \leqq \theta \leqq 2\pi\}$$

に対応する．よって，

$$\iint_D \frac{1}{x^2 + y^2}\, dxdy = \iint_E \frac{1}{r^2} \cdot r\, drd\theta = \left(\int_1^{\sqrt{2}} \frac{1}{r}\, dr\right)\left(\int_0^{2\pi} d\theta\right) = \pi \log 2.$$

(2) 積分領域 D の不等式は $(x - a)^2 + y^2 \leqq a^2$ と変形できることに注意して，座標変換 $x = a + r\cos\theta,\ y = r\sin\theta$ を考える．この変換により，D は $r\theta$ 平面の領域

$$E = \{(r, \theta) \mid 0 \leqq r \leqq a,\ 0 \leqq \theta \leqq 2\pi\}$$

に対応する．また，この座標変換のヤコビアン J は

$$J(r, \theta) = \det\begin{pmatrix} \cos\theta & -r\sin\theta \\ \sin\theta & r\cos\theta \end{pmatrix} = r$$

である．よって，

$$\begin{aligned} \iint_D x\, dxdy &= \iint_E (a + r\cos\theta) \cdot r\, drd\theta \\ &= \int_0^a dr \int_0^{2\pi} (ar + r^2\cos\theta)\, d\theta = \pi a^3. \end{aligned}$$ ■

●**注意** 例題 6.2.2(2) の変数変換として，極座標変換 $x = r\cos\theta,\ y = r\sin\theta$ を利用した場合，D に対応する $r\theta$ 平面の領域 E' は

$$E' = \left\{(r,\theta) \mid 0 \leqq r \leqq 2a\cos\theta, -\frac{\pi}{2} \leqq \theta \leqq \frac{\pi}{2}\right\}$$

である (図 6.10(i))．よって，(2) の重積分を

$$\begin{aligned}\iint_D x\,dxdy &= \iint_{E'} r^2\cos\theta\,drd\theta \\ &= \int_{-\frac{\pi}{2}}^{\frac{\pi}{2}} d\theta \int_0^{2a\cos\theta} r^2\cos\theta\,dr = \pi a^3\end{aligned}$$

のように計算することも可能である．

同様に，D が $D = \{(x,y) \mid x^2 + y^2 \leqq 2ay\}$ であるとき，極座標変換 $x = r\cos\theta,\ y = r\sin\theta$ を利用したときの D に対応する $r\theta$ 平面上の領域 E'' は

$$E'' = \{(r,\theta) \mid 0 \leqq r \leqq 2a\sin\theta,\ 0 \leqq \theta \leqq \pi\}$$

である (図 6.10(ii))．

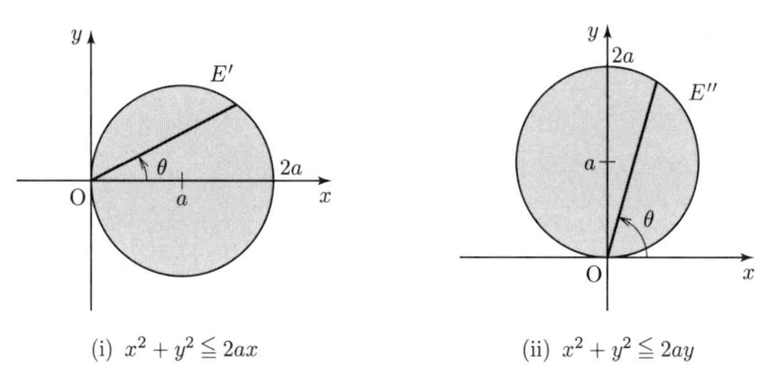

(i) $x^2 + y^2 \leqq 2ax$　　(ii) $x^2 + y^2 \leqq 2ay$

図 6.10

演習問題

6.2.1 次の重積分を計算せよ．ただし，$a > 0$ とする．

(1) $\displaystyle\iint_D \frac{3x+y+1}{x+y}\,dxdy,\quad D : 1 \leqq x + y \leqq 2,\ |3x+y| \leqq 1$

(2) $\displaystyle\iint_D \sin(x^2+y^2)\,dxdy,\quad D : \sqrt{x^2+y^2} \leqq \frac{\pi}{2}$

(3) $\displaystyle\iint_D \frac{1}{\sqrt{a^2+x^2+y^2}}\,dxdy,\quad D : x^2 + y^2 \leqq a^2,\ x \geqq 0$

(4) $\displaystyle\iint_D e^{-3x^2-2y^2}\,dxdy,\quad D : \frac{x^2}{2} + \frac{y^2}{3} \leqq 1,\ x \geqq 0,\ y \geqq 0$

6.2.2　次の問いに答えよ．

(1) 等式 $\dfrac{\partial(x,y)}{\partial(u,v)}\dfrac{\partial(u,v)}{\partial(x,y)}=1$ を示せ．

(2) 次の 2 重積分を計算せよ．

$$\iint_D (x+y)(x^2+y^2)\,dxdy, \quad D=\{(x,y)\in \boldsymbol{R}^2 \mid 0 \leqq xy \leqq 1,\ 3 \leqq x+y \leqq 4\}$$

6.3　3 重 積 分

6.3.1　3 重 積 分

変数の個数が 3 以上の多変数関数の重積分についても，2 重積分を拡張して定義される．簡単に，3 変数の場合についてのみ述べる．

3 変数関数 $f(x,y,z)$ の 3 重積分の積分領域 D は 3 次元空間 $\boldsymbol{R}^3$ 内の有界な閉領域である．ここでは，有界な閉領域は有限個の曲面で囲まれた有界な立体を積分領域と考えればよい．

3 変数関数 $f(x,y,z)$ が有界な閉領域 D で連続であるとする．2 重積分の場合と同様に，そのリーマン和の極限値として，領域 D における関数 $f(x,y,z)$ の **3 重積分**

$$\iiint_D f(x,y,z)\,dxdydz$$

が定義される．

2 重積分の定理 6.1.1～定理 6.1.5 と同様の定理が成り立つ．たとえば，2 重積分の累次積分が重要な計算方法であるのと同様に，3 重積分でも重要である．

定理 6.3.1 (累次積分)　領域 E を xy 平面上の有界な閉領域とし，関数 $\varphi(x,y)$, $\psi(x,y)$ は E 上で連続であるとする．また，関数 $f(x,y,z)$ が領域 $D=\{(x,y,z)\in \boldsymbol{R}^3 \mid (x,y)\in E,\ \varphi(x,y) \leqq z \leqq \psi(x,y)\}$ で連続であるとする．このとき，

$$\iiint_D f(x,y,z)\,dxdydz = \iint_E \left(\int_{\varphi(x,y)}^{\psi(x,y)} f(x,y,z)\,dz\right)dxdy$$

が成り立つ．

●**注意**　定理 6.3.1 のような領域 D を xy 平面に対する**縦線型領域**という．yz 平面や zx 平面に対する縦線型領域についても，定理 6.3.1 と同様なことが成り立つ．

例題 6.3.1 次の 3 重積分を計算せよ.

$$\iiint_D xyz\,dxdydz, \quad D: x \geqq 0,\ y \geqq 0,\ z \geqq 0,\ x+y+z \leqq 1$$

[解答] 問題の領域 D の，x 軸に垂直な平面による切り口 (交わりの部分) を考えると，$0 \leqq x \leqq 1$ である各 x に対する切り口は

$$\{(x,y,z) \in \boldsymbol{R}^3 \mid 0 \leqq y \leqq 1-x,\ 0 \leqq z \leqq 1-x-y\}$$

である．よって，問題の重積分を累次積分により計算すると，

$$\iiint_D xyz\,dxdydz = \int_0^1 dx \int_0^{1-x} dy \int_0^{1-x-y} xyz\,dz$$

$$= \int_0^1 dx \int_0^{1-x} \left[\frac{1}{2}xyz^2\right]_{z=0}^{z=1-x-y} dy$$

$$= \int_0^1 \frac{1}{24}x(x-1)^4\,dx = \frac{1}{720}$$

である． ■

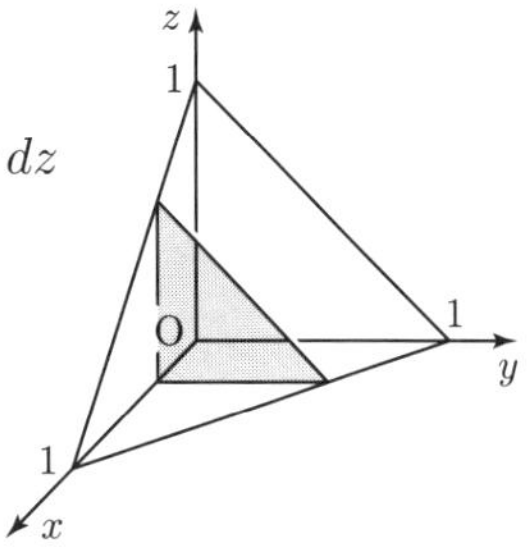

図 6.11

●注意 例題 6.3.1 の積分領域 D は $D = \{(x,y,z) \in \boldsymbol{R}^3 \mid 0 \leqq x \leqq 1,\ 0 \leqq y \leqq 1,\ 0 \leqq z \leqq 1-x-y\}$ であるが，

$$\iiint_D xyz\,dxdydz \neq \int_0^1 dx \int_0^1 dy \int_0^{1-x-y} xyz\,dz$$

である．実際に，$\displaystyle\int_0^1 dx \int_0^1 dy \int_0^{1-x-y} xyz\,dz = \frac{1}{36}$ である．

3 重積分を累次積分として計算するとき，積分する順序に応じて計算することが重要である．たとえば，最後に x で積分すると決めたならば，積分領域 D と x 軸に垂直な平面との切り口 D_x を考え，その切り口 D_x と y 軸に垂直な平面 (直線) との切り口を考えるように (あるいは，切り口の順序を変更したものを考えるように) しなければならない．

6.3.2 3 重積分の変数変換

2 重積分の変数変換の公式 (定理 6.2.1) と同様のことは，3 重積分についても成立する．

C^1 級関数からなる変換

$$x = \varphi(u,v,w), \quad y = \psi(u,v,w), \quad z = \xi(u,v,w) \tag{6.3.1}$$

に対して，次の 3 次正方行列の行列式

$$\det\begin{pmatrix} \dfrac{\partial\varphi}{\partial u} & \dfrac{\partial\varphi}{\partial v} & \dfrac{\partial\varphi}{\partial w} \\ \dfrac{\partial\psi}{\partial u} & \dfrac{\partial\psi}{\partial v} & \dfrac{\partial\psi}{\partial w} \\ \dfrac{\partial\xi}{\partial u} & \dfrac{\partial\xi}{\partial v} & \dfrac{\partial\xi}{\partial w} \end{pmatrix} = \begin{vmatrix} \dfrac{\partial\varphi}{\partial u} & \dfrac{\partial\varphi}{\partial v} & \dfrac{\partial\varphi}{\partial w} \\ \dfrac{\partial\psi}{\partial u} & \dfrac{\partial\psi}{\partial v} & \dfrac{\partial\psi}{\partial w} \\ \dfrac{\partial\xi}{\partial u} & \dfrac{\partial\xi}{\partial v} & \dfrac{\partial\xi}{\partial w} \end{vmatrix}$$

を変換 (6.3.16) の**ヤコビアン**または**ヤコビ行列式**といい，$J(u,v,w)$ または $\dfrac{\partial(\varphi,\psi,\xi)}{\partial(u,v,w)}$ と書く．

定理 6.3.2 (3 重積分の変数変換) C^1 級の変数変換

$$x = \varphi(u,v,w), \quad y = \psi(u,v,w), \quad z = \xi(u,v,w)$$

によって，xyz 空間内の閉領域 D が uvw 空間内の閉領域 E と 1 対 1 に対応しているものとする．また，E 上の任意の点で，この変換のヤコビアン $J(u,v,w)$ が $J(u,v,w) \neq 0$ を満たしているものとする．このとき，D で連続な関数 $f(x,y,z)$ に対して，

$$\iiint_D f(x,y,z)\,dxdydz$$
$$= \iiint_E f(\varphi(u,v,w),\psi(u,v,w),\xi(u,v,w))|J(u,v,w)|\,dudvdw$$

が成り立つ．

●**注意** 定理 6.2.1 の場合と同様に，D と E の体積 0 の部分を除いて，変換が 1 対 1 の対応であり，かつ，$J(u,v,w) \neq 0$ である場合にも定理 6.2.3 が成立することが知られている．

次の極座標変換は工学の分野でよく現れる変数変換である．

●**極座標変換**：xyz 空間上の点 $\mathrm{P}(x,y,z)$ に対し，$\mathrm{OP} = r$ とし，線分 OP と x 軸の正の向きとのなす角を φ，線分 OP と z 軸の正の向きとのなす角を θ とすると，点 P の座標は r,θ,φ を用いて，

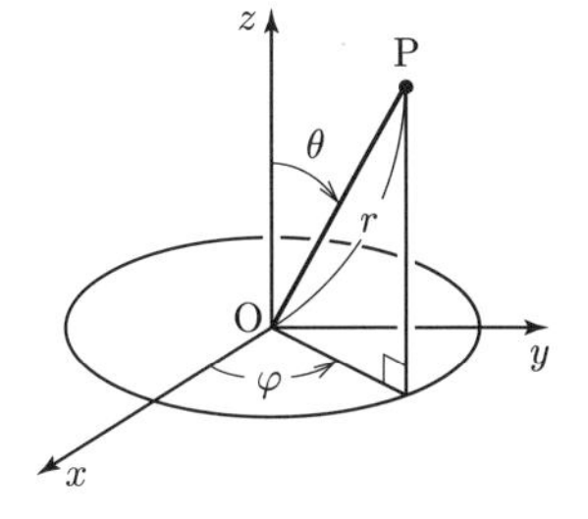

図 6.12 極座標変換

$$x = r\sin\theta\cos\varphi, \quad y = r\sin\theta\sin\varphi, \quad z = r\cos\theta$$

と表される．ここで，$r \geqq 0,\ 0 \leqq \theta \leqq \pi,\ 0 \leqq \varphi < 2\pi$ である．これを 3 次元空間の**極座標変換**という．極座標変換のヤコビアンは

$$\frac{\partial(x,y,z)}{\partial(r,\theta,\varphi)} = \begin{vmatrix} \sin\theta\cos\varphi & r\cos\theta\cos\varphi & -r\sin\theta\sin\varphi \\ \sin\theta\sin\varphi & r\cos\theta\sin\varphi & r\sin\theta\cos\varphi \\ \cos\theta & -r\sin\theta & 0 \end{vmatrix} = r^2\sin\theta$$

である．

例題 6.3.2　次の 3 重積分を計算せよ．

(1) $\displaystyle\iiint_D z\,dxdydz, \quad D: 1 \leqq x^2+y^2+z^2 \leqq 4, z \geqq 0$

(2) $\displaystyle\iiint_D x\,dxdy, \quad D: x^2+y^2 \leqq 1,\ x \geqq 0,\ y \geqq 0,\ 0 \leqq z \leqq \sqrt{x^2+y^2}$

［解答］ (1) 極座標変換 $x = r\sin\theta\cos\varphi,\ y = r\sin\theta\sin\varphi,\ z = r\cos\theta$ を考える．$z \geqq 0$ であることに注意すると，この変換により，D は $r\theta\varphi$ 空間の領域

$$E = \left\{(r,\theta,\varphi) \mid 1 \leqq r \leqq 2,\ 0 \leqq \theta \leqq \frac{\pi}{2},\ 0 \leqq \varphi \leqq 2\pi\right\}$$

に対応する．よって，

$$\begin{aligned}\iiint_D z\,dxdydz &= \iiint_E r^3\sin\theta\cos\theta\,drd\theta d\varphi \\ &= \int_1^2 dr\int_0^{\frac{\pi}{2}} d\theta\int_0^{2\pi} r^3\sin\theta\cos\theta\,d\varphi \\ &= \left(\int_1^2 r^3\,dr\right)\left(\int_0^{\frac{\pi}{2}}\sin\theta\cos\theta\,d\theta\right)\left(\int_0^{2\pi}d\varphi\right) = \frac{15}{4}\pi.\end{aligned}$$

(2) 座標変換 $x = r\cos\theta,\ y = r\sin\theta,\ z = z$ により，D は $r\theta z$ 空間の領域

$$E = \left\{(r,\theta,z) \mid 0 \leqq r \leqq 1,\ 0 \leqq \theta \leqq \frac{\pi}{2},\ 0 \leqq z \leqq r\right\}$$

に対応する．また，この座標変換のヤコビアンは $\dfrac{\partial(x,y,z)}{\partial(r,\theta,z)} = r$ である．よって，

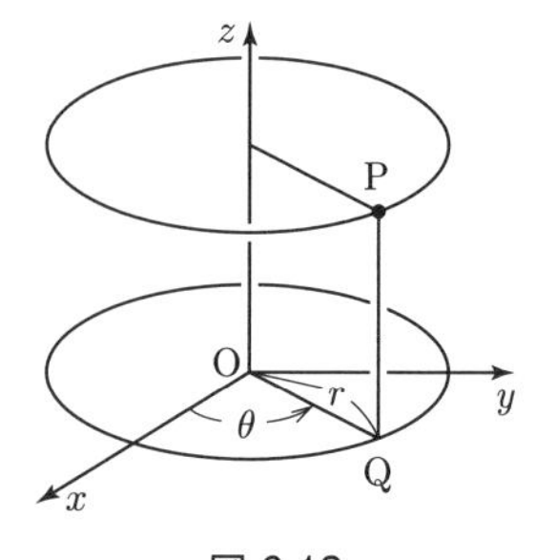

図 6.13

$$\iiint_D x\,dxdydz = \iiint_E r^2\cos\theta\,drd\theta dz$$
$$= \int_0^1 dr \int_0^{\frac{\pi}{2}} d\theta \int_0^r r^2\cos\theta\,dz$$
$$= \left(\int_0^{\frac{\pi}{2}} \cos\theta\,d\theta\right)\left(\int_0^1 dr \int_0^r r^2\,dz\right) = \frac{1}{4}. \qquad \blacksquare$$

演 習 問 題

6.3.1 次の 3 重積分を計算せよ.

(1) $\displaystyle\iiint_D \frac{1}{(2x+y+z+1)^2}\,dxdydz,\ \ D: 2x+y+z \leqq 1,\ x \geqq 0,\ y \geqq 0, z \geqq 0$

(2) $\displaystyle\iiint_D y\,dxdydz,\quad D: 5 \leqq x+2y \leqq 6,\ |3x-z| \leqq 2,\ |y+2z| \leqq 1$

(3) $\displaystyle\iiint_D \frac{1}{\sqrt{x^2+y^2+z^2}}\,dxdydz,\quad D: 1 \leqq x^2+y^2+z^2 \leqq 4,\ x \geqq 0,\ z \geqq 0$

6.4 多変数関数の広義積分

これまで，重積分の積分領域 D は有界な閉領域であり，その被積分関数は D で連続な有界関数であった．応用上は，積分領域が有界でなかったり，その被積分関数が積分領域の境界付近で有界ではない場合も重要である．このような重積分を広義積分という．この節では 2 変数関数の広義積分を取り扱うが，3 変数以上についても基本的には同じである．

座標平面の部分集合 D に対して，座標平面の有界な閉領域の列 $\{D_n\}_{n\in\boldsymbol{N}}$ が次の 2 つの条件

(1) $D_1 \subseteq D_2 \subseteq \cdots \subseteq D_n \subseteq D_{n+1} \subseteq \cdots \subseteq D$,

(2) D に含まれる任意の有界閉集合 K に対して，十分大きな自然数 n を選ぶことにより，$K \subseteq D_n$ とすることができる．

を満たすとき，有界な閉領域の列 $\{D_n\}_{n\in\boldsymbol{N}}$ を D の**単調近似列**という．

○**例 6.4.1** 各自然数 n に対して，座標平面の領域の列 $\{D_n\}_{n\in\boldsymbol{N}}$ を

$$D_n = \{(x,y) \in \boldsymbol{R}^2 \mid x^2+y^2 \leq n^2\}$$

と定める．有界な閉領域の列 $\{D_n\}_{n\in\boldsymbol{N}}$ は明らかに

$$D_1 \subseteq D_2 \subseteq \cdots \subseteq D_n \subseteq D_{n+1} \subseteq \cdots \subseteq \boldsymbol{R}^2$$

を満たす．また，$\boldsymbol{R}^2$ の任意の有界閉集合 K は十分大きな円に含まれるので，条件 (2) を満たすことがわかる．よって，上記の有界な閉領域の列 $\{D_n\}_{n\in\boldsymbol{N}}$ は座標平面 $\boldsymbol{R}^2$ の単調近似列である．

○**例 6.4.2**　座標平面内の部分集合 $D=\{(x,y)\in\boldsymbol{R}^2 \mid x\geqq 0,\ y\geqq 0\}$ を考える．このとき，例 6.4.1 と同様に，各自然数 n に対して，座標平面の領域の列 $\{D_n\}_{n\in\boldsymbol{N}}$ を

$$D_n=\{(x,y)\in\boldsymbol{R}^2 \mid x^2+y^2\leqq n^2,\ x\geqq 0,\ y\geqq 0\}$$

と定めると，有界な閉領域の列 $\{D_n\}_{n\in\boldsymbol{N}}$ は D の単調近似列であることがわかる．一方，各自然数 n に対して，領域の列 $\{E_n\}_{n\in\boldsymbol{N}}$ を

$$E_n=\{(x,y)\in\boldsymbol{R}^2 \mid x+y\leqq n,\ x\geqq 0,\ y\geqq 0\}$$

と定めると，有界な閉領域の列 $\{E_n\}_{n\in\boldsymbol{N}}$ も D の単調近似列であることがわかる．

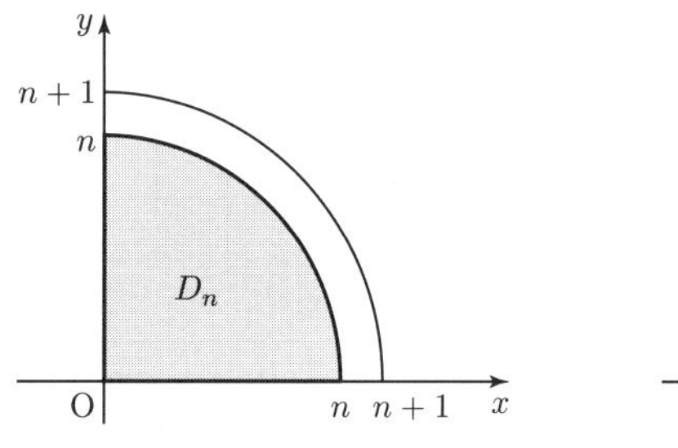

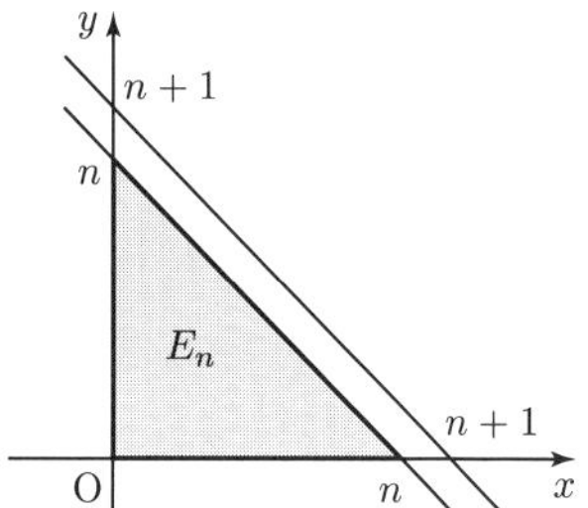

図 6.14

座標平面内の部分集合 D のすべての単調近似列 $\{D_n\}_{n\in\boldsymbol{N}}$ に対して，極限

$$\lim_{n\to\infty}\iint_{D_n} f(x,y)\,dxdy$$

が存在し，その極限値が単調近似列 $\{D_n\}_{n\in\boldsymbol{N}}$ のとり方によらずに一定の値となるとき，関数 $f(x,y)$ は D で**広義積分可能**であるといい，その極限値を $\displaystyle\iint_D f(x,y)\,dxdy$ で表し，$f(x,y)$ の D における**広義積分**という．

定理 6.4.1　2 変数関数 $f(x,y)$ が部分集合 D 上で $f(x,y)\geqq 0$ を満たすとする．このとき，D のある 1 つの単調近似列 $\{D_n\}_{n\in\boldsymbol{N}}$ に対して極限 $\displaystyle\lim_{n\to\infty}\iint_{D_n} f(x,y)\,dxdy$ が存在するならば，D の任意の単調近似列 $\{E_n\}_{n\in\boldsymbol{N}}$

に対して，

(1)　極限 $\displaystyle\lim_{n\to\infty}\iint_{E_n} f(x,y)\,dxdy$ が存在し，

(2)　$\displaystyle\lim_{n\to\infty}\iint_{D_n} f(x,y)\,dxdy = \lim_{n\to\infty}\iint_{E_n} f(x,y)\,dxdy$ が成立する．

すなわち，関数 $f(x,y)$ は D で広義積分可能であり，

$$\iint_D f(x,y)\,dxdy = \lim_{n\to\infty}\iint_{D_n} f(x,y)\,dxdy$$

が成り立つ．

[証明]　$L = \displaystyle\lim_{n\to\infty}\iint_{D_n} f(x,y)\,dxdy$ とおく．また，各自然数 n に対して，$I(D_n) = \displaystyle\iint_{D_n} f(x,y)\,dxdy$ とおく．単調近似列の定義 (条件 (1)) により，$I(D_n) \leqq I(D_{n+1})$ が成立するので，数列 $\{I(D_n)\}_{n\in\boldsymbol{N}}$ は L に収束する単調増加数列である．よって，すべての自然数 n に対して，$I(D_n) \leqq L$ が成立する．

領域の列 $\{E_n\}_{n\in\boldsymbol{N}}$ を D の任意の単調近似列とする．単調近似列の定義 (条件 (2)) により，各有界な閉領域 E_n に対して，十分大きな自然数 m を選ぶことにより，

$$I(E_n) \leqq I(D_m) \leqq L$$

が成立する．よって，数列 $\{I(E_n)\}_{n\in\boldsymbol{N}}$ は上に有界な単調増加数列であるので，収束し，

$$\lim_{n\to\infty}\iint_{E_n} f(x,y)\,dxdy = \lim_{n\to\infty} I(E_n) \leqq L$$

が成り立つ．$\displaystyle\lim_{n\to\infty}\iint_{E_n} f(x,y)\,dxdy$ が収束するので，$\{D_n\}_{n\in\boldsymbol{N}}$ と $\{E_n\}_{n\in\boldsymbol{N}}$ の役割を入れ替えて同様の議論をすれば，

$$L \leqq \lim_{n\to\infty}\iint_{E_n} f(x,y)\,dxdy$$

が成立する．したがって，数列 $\{I(E_n)\}_{n\in\boldsymbol{N}}$ は収束し，

$$L = \lim_{n\to\infty}\iint_{E_n} f(x,y)\,dxdy$$

が成り立つ．　■

例題 6.4.1 次の広義積分を求めよ.

$$\iint_D \frac{1}{\sqrt{1-x-y}}\,dxdy, \quad D=\{(x,y)\in \boldsymbol{R}^2 \mid x+y<1,\, x\geqq 0,\, y\geqq 0\}$$

［解答］ 各自然数 n に対して,

$$D_n = \left\{ (x,y)\in \boldsymbol{R}^2 \;\middle|\; x+y \leqq 1-\frac{1}{n},\, x\geqq 0,\, y\geqq 0 \right\}$$

とおくと, 有界な閉領域の列 $\{D_n\}_{n\in \boldsymbol{N}}$ は D の単調近似列である. このとき,

$$D_n = \left\{ (x,y)\in \boldsymbol{R}^2 \;\middle|\; 0\leqq x\leqq 1-\frac{1}{n},\; 0\leqq y\leqq 1-\frac{1}{n}-x \right\}$$

であるので,

$$\begin{aligned} I(D_n) &= \iint_{D_n} \frac{1}{\sqrt{1-x-y}}\,dxdy \\ &= \int_0^{1-\frac{1}{n}} dx \int_0^{1-\frac{1}{n}-x} \frac{1}{\sqrt{1-x-y}}\,dy \\ &= \frac{2}{3\sqrt{n}}\left(\frac{1}{n}-3\right)+\frac{4}{3} \end{aligned}$$

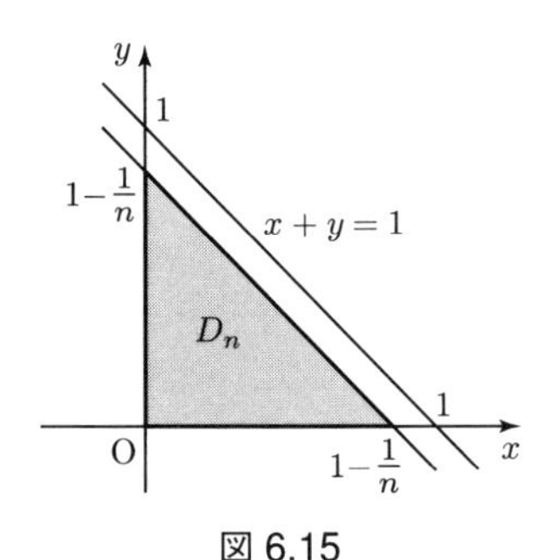

図 6.15

である. よって,

$$\lim_{n\to\infty} I(D_n) = \frac{4}{3}$$

である. したがって, 定理 6.4.1 により,

$$\iint_D \frac{1}{\sqrt{1-x-y}}\,dxdy = \lim_{n\to\infty} I(D_n) = \frac{4}{3}$$

である. ■

例題 6.4.2 次の広義積分を求めよ.

$$\iint_D \frac{1}{(1+x+y)^3}\,dxdy, \quad D=\{(x,y)\in \boldsymbol{R}^2 \mid x\geqq 0,\, y\geqq 0\}$$

［解答］ 各自然数 n に対して,

$$D_n = \left\{(x,y)\in \boldsymbol{R}^2 \mid 0\leqq x\leqq n,\, 0\leqq y\leqq n\right\}$$

とおくと, 有界な閉領域の列 $\{D_n\}_{n\in \boldsymbol{N}}$ は D の単調近似列である.

$$
\begin{aligned}
I(D_n) &= \iint_{D_n} \frac{1}{(1+x+y)^3}\, dxdy \\
&= \int_0^n dx \int_0^n \frac{1}{(1+x+y)^3}\, dy \\
&= \frac{1}{2}\left(\frac{1}{2n+1} - \frac{2}{n+1} + 1\right)
\end{aligned}
$$

である．よって，

$$
\lim_{n\to\infty} I(D_n) = \frac{1}{2}
$$

である．したがって，定理 6.4.1 により，

$$
\iint_D \frac{1}{(1+x+y)^3}\, dxdy = \lim_{n\to\infty} I(D_n) = \frac{1}{2}
$$

である．■

例題 6.4.3　次の広義積分を求めよ．

$$
\iint_D \frac{1}{\sqrt{x^2+y^2}}\, dxdy,
$$

$$
D = \{(x,y) \in \boldsymbol{R}^2 \mid 0 \leqq x \leqq 1,\ 0 \leqq y \leqq 1,\ (x,y) \neq (0,0)\}
$$

［解答］　各自然数 n に対して，

$$
D_n = \left\{(x,y) \in \boldsymbol{R}^2 \;\middle|\; x^2+y^2 \geqq \frac{1}{n^2},\ 0 \leqq x \leqq 1,\ 0 \leqq y \leqq 1\right\}
$$

とおくと，有界な閉領域の列 $\{D_n\}_{n\in\boldsymbol{N}}$ は D の単調近似列である．ここで，座標変換 $x = r\cos\theta,\ y = r\sin\theta$ を考えると，領域 D_n は

$$
E_n = \left\{(r,\theta) \in \boldsymbol{R}^2 \;\middle|\; r \geqq \frac{1}{n},\ 0 \leqq r\cos\theta \leqq 1,\ 0 \leqq r\sin\theta \leqq 1\right\}
$$

と 1 対 1 に対応している．さらに，

$$
\begin{aligned}
E_n = &\left\{(r,\theta) \in \boldsymbol{R}^2 \;\middle|\; 0 \leqq \theta \leqq \frac{\pi}{4},\ \frac{1}{n} \leqq r \leqq \frac{1}{\cos\theta}\right\} \\
&\cup \left\{(r,\theta) \in \boldsymbol{R}^2 \;\middle|\; \frac{\pi}{4} \leqq \theta \leqq \frac{\pi}{2},\ \frac{1}{n} \leqq r \leqq \frac{1}{\sin\theta}\right\}
\end{aligned}
$$

であるので，

$$
I(D_n) = \iint_{D_n} \frac{1}{\sqrt{x^2+y^2}}\, dxdy = \iint_{E_n} \frac{1}{r} \cdot r\, drd\theta
$$

$$= \int_0^{\frac{\pi}{4}} d\theta \int_{\frac{1}{n}}^{\frac{1}{\cos\theta}} dr + \int_{\frac{\pi}{4}}^{\frac{\pi}{2}} d\theta \int_{\frac{1}{n}}^{\frac{1}{\sin\theta}} dr$$

$$= \int_0^{\frac{\pi}{4}} \frac{1}{\cos\theta}\, d\theta + \int_{\frac{\pi}{4}}^{\frac{\pi}{2}} \frac{1}{\sin\theta}\, d\theta - \frac{\pi}{2n}$$

$$= \log(1+\sqrt{2}) - \log(\sqrt{2}-1) - \frac{\pi}{2n}$$

$$= 2\log(1+\sqrt{2}) - \frac{\pi}{2n}$$

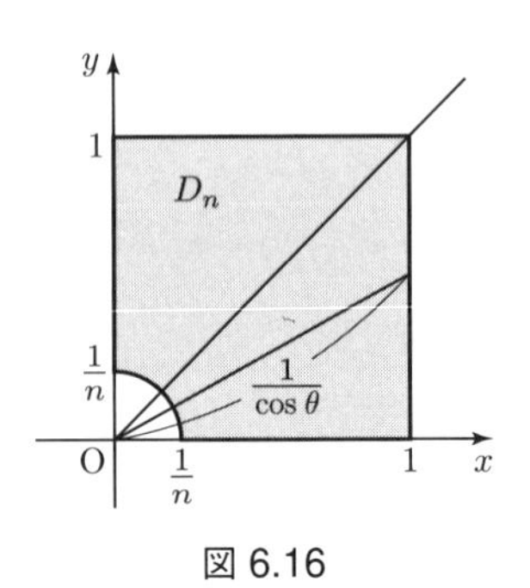

図 6.16

である．よって，

$$\lim_{n\to\infty} I(D_n) = 2\log(1+\sqrt{2})$$

である．したがって，定理 6.4.1 により，

$$\iint_D \frac{1}{\sqrt{x^2+y^2}}\, dxdy = \lim_{n\to\infty} I(D_n) = 2\log(1+\sqrt{2})$$

である． ■

例題 6.4.4　確率論や統計学で重要な広義積分

$$I = \int_0^{\infty} e^{-x^2} dx$$

について，重積分の広義積分

$$L = \iint_D e^{-x^2-y^2} dxdy, \quad D = \{(x,y) \in \boldsymbol{R}^2 \mid x \geqq 0,\ y \geqq 0\}$$

を利用して，その値 I を求めよ．

[解答]　重積分の広義積分 L を 2 通りの方法で求める．各自然数 n に対して，

$$D_n = \{(x,y) \in \boldsymbol{R}^2 \mid x^2+y^2 \leqq n^2,\ x \geqq 0,\ y \geqq 0\}$$

とおくと，有界な閉領域の列 $\{D_n\}_{n\in\boldsymbol{N}}$ は D の単調近似列である．ここで，座標変換 $x = r\cos\theta$, $y = r\sin\theta$ を考えると，領域 D_n は

$$\left\{(r,\theta) \in \boldsymbol{R}^2 \mid 0 \leqq r \leqq n,\ 0 \leqq \theta \leqq \frac{\pi}{2}\right\}$$

と対応している．よって，

$$I(D_n) = \iint_{D_n} e^{-x^2-y^2} dxdy = \iint_{[0,n]\times[0,\frac{\pi}{2}]} e^{-r^2} \cdot r\, drd\theta$$

$$= \left(\int_0^n re^{-r^2} dr\right)\left(\int_0^{\frac{\pi}{2}} d\theta\right) = \frac{\pi}{4}\left(1 - e^{-n^2}\right)$$

であり，したがって，定理 6.4.1 により，

$$L = \lim_{n\to\infty} I(D_n) = \frac{\pi}{4}$$

である．

一方，各自然数 n に対して，

$$E_n = \{(x, y) \in \boldsymbol{R}^2 \mid 0 \leqq x \leqq n,\ 0 \leqq y \leqq n\}$$

とおくと，有界な閉領域の列 $\{E_n\}_{n\in\boldsymbol{N}}$ も D の単調近似列である．このとき，

$$\begin{aligned} I(E_n) &= \iint_{E_n} e^{-x^2-y^2}\,dxdy = \iint_{[0,n]\times[0,n]} e^{-x^2-y^2}\,dxdy \\ &= \left(\int_0^n e^{-x^2}\,dx\right)\left(\int_0^n e^{-y^2}\,dy\right) \end{aligned}$$

である．よって，定理 6.4.1 により，$\displaystyle\lim_{n\to\infty} I(E_n)$ が存在し，$\displaystyle\lim_{n\to\infty} I(E_n) = L$ である．さらに，$\displaystyle\lim_{n\to\infty} I(E_n)$ が存在するので，広義積分 $\displaystyle I = \int_0^\infty e^{-x^2}\,dx$ が収束することがわかり，$\displaystyle L = \lim_{n\to\infty} I(E_n) = I^2$ である．よって，

$$\int_0^\infty e^{-x^2}\,dx = \frac{\sqrt{\pi}}{2}$$

である． ■

演 習 問 題

6.4.1 次の広義積分を求めよ．

(1) $\displaystyle\iint_D \frac{1}{(1+x^2+y^2)^2}\,dxdy, \quad D : x \geqq 0,\ y \geqq 0$

(2) $\displaystyle\iint_D \frac{1}{\sqrt{1-x^2-y^2}}\,dxdy, \quad D : x^2+y^2 < 1$

(3) $\displaystyle\iint_D \frac{1}{\sqrt[3]{x-y}}\,dxdy, \quad D : 0 < x \leqq 1,\ 0 \leqq y < x$

(4) $\displaystyle\iint_D \frac{e^{-x}}{\sqrt{y}}\,dxdy, \quad D : x \geqq 0,\ 0 < y \leqq 1$

6.4.2 次の広義積分が収束するための定数 α の条件を求めよ．また，収束するときの広義積分の値を求めよ．ただし，$\alpha > 0$ とする．

(1) $\displaystyle\iint_D \frac{1}{(1+x+y)^\alpha}\,dxdy, \quad D = \{(x, y) \in \boldsymbol{R}^2 \mid x \geqq 0,\ y \geqq 0\}$

(2) $\displaystyle\iint_D \frac{1}{(x^2+y^2)^\alpha}\,dxdy, \quad D = \{(x, y) \in \boldsymbol{R}^2 \mid 0 < x^2+y^2 \leqq 1\}$

6.4.3 広義積分

$$I = \iint_D \frac{x-y}{(x+y)^3}\,dxdy,$$
$$D = \{(x,y) \in \boldsymbol{R}^2 \mid 0 \leqq x \leqq 1,\ 0 \leqq y \leqq 1,\ (x,y) \neq (0,0)\}$$

を考える．各自然数 n に対して，有界な閉領域 D_n を正方形領域 $[0,1]\times[0,1]$ から部分集合 $\left[0, \dfrac{1}{n}\right) \times \left[0, \dfrac{1}{n^2}\right)$ を取り除いたものとする．同様に，有界な閉領域 E_n を正方形領域 $[0,1]\times[0,1]$ から部分集合 $\left[0, \dfrac{1}{n^2}\right) \times \left[0, \dfrac{1}{n}\right)$ を取り除いたものとする．このとき，有界な閉領域の列 $\{D_n\}_{n\in\boldsymbol{N}}, \{E_n\}_{n\in\boldsymbol{N}}$ は D の 2 つの単調近似列である．以下の問いに答えよ．

(1) $\displaystyle\lim_{n\to\infty} \iint_{D_n} \frac{x-y}{(x+y)^3}\,dxdy$ を計算せよ．

(2) $\displaystyle\lim_{n\to\infty} \iint_{E_n} \frac{x-y}{(x+y)^3}\,dxdy$ を計算せよ．

(3) (1), (2) の結果をもとに，被積分関数 $f(x,y)$ が非負とは限らない場合について定理 6.4.1 と同様のことが成立するかどうかを考察せよ．

6.4.4 ベータ関数とガンマ関数の関係式

$$B(p,q) = \frac{\Gamma(p)\Gamma(q)}{\Gamma(p+q)}$$

を示したい．以下の問いに答えよ．

(1) 部分集合 $D = \{(x,y) \in \boldsymbol{R}^2 \mid x > 0,\ y > 0\}$ についての広義積分

$$I = \iint_D e^{-(x+y)} x^{p-1} y^{q-1}\,dxdy$$

に対して，$I = \Gamma(p)\Gamma(q)$ であることを示せ．

(2) 変数変換 $x = uv$, $y = u(1-v)$ により，D は部分集合 $E = \{(u,v) \in \boldsymbol{R}^2 \mid u > 0,\ 0 < v < 1\}$ に 1 対 1 に対応している．これを利用して，$I = B(p,q)\Gamma(p+q)$ であることを示せ．

6.5 曲面積

4.6 節において，1 変数関数の積分の応用として曲線の長さを取り扱った．この節では，重積分の応用として，2 変数関数 $z = f(x,y)$ のグラフのような曲面の面積について考察する．

空間内の曲線は時間 t によってその位置を変化する動点の軌跡とみなすことができるので，曲線は 1 つの媒介変数 t によって，

$$x = x(t), \quad y = y(t), \quad z = z(t)$$

と表示することができる．一方，曲面は，領域 D 上で C^1 級な 2 変数関数 $x(u,v), y(u,v), z(u,v)$ を用いて，

$$x = x(u,v), \quad y = y(u,v), \quad z = z(u,v)$$

によって表示することができる．媒介変数表示された曲面

$$M = \{(x(u,v), y(u,v), z(u,v)) \in \boldsymbol{R}^3 \mid (u,v) \in D\}$$

を空間内の**媒介変数曲面** (または，簡単に**曲面**) という．

さらに，写像

$$\Phi : D \to \boldsymbol{R}^3 \ ; \ (u,v) \mapsto (x,y,z), \quad \begin{cases} x = x(u,v) \\ y = y(u,v) \\ z = z(u,v) \end{cases}$$

のヤコビ行列[1] $J\Phi$，すなわち

$$J\Phi(u,v) := \begin{pmatrix} \dfrac{\partial x}{\partial u} & \dfrac{\partial y}{\partial u} & \dfrac{\partial z}{\partial u} \\ \dfrac{\partial x}{\partial v} & \dfrac{\partial y}{\partial v} & \dfrac{\partial z}{\partial v} \end{pmatrix}$$

に対して，条件

$$\operatorname{rank} J\Phi(u,v) = 2 \quad ((u,v) \in D) \tag{6.5.1}$$

を考える．条件 (6.5.1) は領域 D の各 (u,v) に対する曲面 M 上の点で「接平面」が定義されるための条件である．ここで，M 上の点 $(x(u,v), y(u,v), z(u,v))$ における M の**接平面**とは，点 $(x(u,v), y(u,v), z(u,v))$ を始点とする 2 つの位置ベクトル

$$\frac{\partial \Phi}{\partial u}(u,v) = \left(\frac{\partial x}{\partial u}, \frac{\partial y}{\partial u}, \frac{\partial z}{\partial u}\right), \quad \frac{\partial \Phi}{\partial v}(u,v) = \left(\frac{\partial x}{\partial v}, \frac{\partial y}{\partial v}, \frac{\partial z}{\partial v}\right)$$

を含む平面のことである[2]．媒介変数曲面 M が条件 (6.5.1) を満たすとき，M 上のすべての点において，その接平面が一意的に定まるならば，曲面 M を**正則媒介変数曲面**という．

●注意 条件 (6.5.1) の「$\operatorname{rank} J\Phi = 2$」は，次の条件と同値である．

$$\left(\frac{\partial(x,y)}{\partial(u,v)}\right)^2 + \left(\frac{\partial(y,z)}{\partial(u,v)}\right)^2 + \left(\frac{\partial(z,x)}{\partial(u,v)}\right)^2 \neq 0. \tag{6.5.2}$$

---

1) 通常のヤコビ行列は，この行列の転置行列である 3×2 型行列として定められる．ここでは，行数の削減の目的で，ヤコビ行列の転置行列をヤコビ行列とよんでいる．

2) 条件 (6.5.1) は，この 2 つの位置ベクトルが平行ではないことを意味する．

○例 **6.5.1**　C^1 級関数 $z = f(x,y)$ のグラフが定める曲面

$$\Gamma_f := \{(x, y, f(x,y)) \in \boldsymbol{R}^3 \mid (x,y) \in D\}$$

は正則媒介変数曲面である．実際，写像 $\Phi(x,y) = (x, y, f(x,y))$ のヤコビ行列 $J\Phi$ は

$$J\Phi(x,y) = \begin{pmatrix} 1 & 0 & f_x(x,y) \\ 0 & 1 & f_y(x,y) \end{pmatrix}$$

であるので，その階数はつねに $\operatorname{rank} J\Phi = 2$ である．

○例 **6.5.2**　原点を中心とする半径 r の上半球面

$$S^2(r)_+ = \{(x,y,z) \in \boldsymbol{R}^3 \mid x^2 + y^2 + z^2 = r^2,\ z \geqq 0\}$$

は，領域 $D = \{(x,y) \in \boldsymbol{R}^2 \mid x^2 + y^2 \leqq r^2\}$ 上で定義された 2 変数関数 $z = \sqrt{r^2 - x^2 - y^2}$ のグラフが定める曲面とみなすこともできるが，次の媒介変数表示をもつ媒介変数曲面とみなすこともできる．

$$x = r\sin\theta\cos\varphi,\ \ y = r\sin\theta\sin\varphi,\ \ z = r\cos\theta \quad \left(0 \leqq \theta \leqq \frac{\pi}{2},\ 0 \leqq \varphi \leqq 2\pi\right)$$

　写像 $\Phi : \left[0, \dfrac{\pi}{2}\right] \times [0, 2\pi] \to \boldsymbol{R}^3$

$$\Phi(\theta, \varphi) = (r\sin\theta\cos\varphi,\ r\sin\theta\sin\varphi,\ r\cos\theta)$$

を考えると，そのヤコビ行列は

$$J\Phi(\theta,\varphi) = \begin{pmatrix} r\cos\theta\cos\varphi & r\cos\theta\sin\varphi & -r\sin\theta \\ -r\sin\theta\sin\varphi & r\sin\theta\cos\varphi & 0 \end{pmatrix}$$

であり，$0 < \theta \leqq \dfrac{\pi}{2},\ 0 \leqq \varphi \leqq 2\pi$ に対してつねに $\operatorname{rank} J\Phi = 2$ である．また，各 $(\theta, 0), (\theta, 2\pi) \in \left(0, \dfrac{\pi}{2}\right] \times [0, 2\pi]$ に対して，$\Phi(\theta, 0) = \Phi(\theta, 2\pi)$，かつ，$\dfrac{\partial\Phi}{\partial\theta}(\theta, 0) = \dfrac{\partial\Phi}{\partial\theta}(\theta, 2\pi)$, $\dfrac{\partial\Phi}{\partial\varphi}(\theta, 0) = \dfrac{\partial\Phi}{\partial\varphi}(\theta, 2\pi)$ であるので，これらの点においても接平面は一意的に決定される．よって，「北極点」を取り除いた部分 $S^2(r)_+ \setminus \{(0,0,r)\}$ は正則媒介変数曲面である．

　正則な媒介変数曲面

$$M = \{(x(u,v), y(u,v), z(u,v)) \in \boldsymbol{R}^3 \mid (u,v) \in D\}$$

の面積を求めよう．2 重積分を定義したときと同様に，uv 平面の領域 D を u

軸，v 軸に平行な直線群によって有限個の小長方形 D_i $(i=1,2,\ldots,n)$ に分割する．小長方形 D_i の u 軸方向の長さを Δu_i とし，v 軸方向の長さを Δv_i とする．また，その分割を Δ で表す．小長方形 D_i に対応する曲面 M の部分を M_i とすると，曲面 M の面積は M_i の面積の総和である．各小長方形 D_i の左隅下の点 (u_i,v_i) をとると，点 $\Phi(u_i,v_i)=(x(u_i,v_i),y(u_i,v_i),z(u_i,v_i))$ は部分 M_i の隅にある点である．

各 M_i の面積は 2 つのベクトル $\dfrac{\partial\Phi}{\partial u}(u_i,v_i)\Delta u_i$, $\dfrac{\partial\Phi}{\partial v}(u_i,v_i)\Delta v_i$ を 2 辺とする平行四辺形の面積によって近似することができる．この平行四辺形の面積は，ベクトルの外積を用いることで，

$$\left\|\frac{\partial\Phi}{\partial u}(u_i,v_i)\Delta u_i\times\frac{\partial\Phi}{\partial v}(u_i,v_i)\Delta v_i\right\|=\left\|\frac{\partial\Phi}{\partial u}(u_i,v_i)\times\frac{\partial\Phi}{\partial v}(u_i,v_i)\right\|\Delta u_i\Delta v_i$$

で与えられる．ここで，$\|\cdot\|$ はベクトルの大きさを表す．

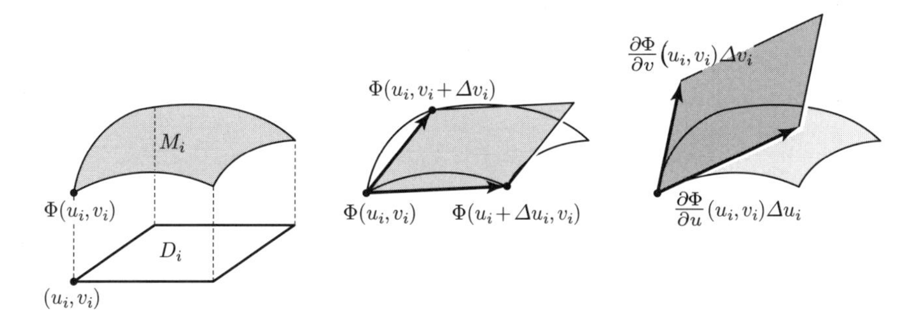

図 6.17

したがって，正則媒介変数曲面 M の面積 S は，

$$S=\lim_{\|\Delta\|\to 0}\sum_{i=1}^{n}\left\|\frac{\partial\Phi}{\partial u}(u_i,v_i)\times\frac{\partial\Phi}{\partial v}(u_i,v_i)\right\|\Delta u_i\Delta v_i \qquad (6.5.3)$$

である．実際に，(6.5.3) の極限は分割 Δ の選び方によらずに一定の値に収束し，その結果，次の定理を得る．

定理 6.5.1 (媒介変数曲面の面積) D を有界な閉領域とする．正則媒介変数曲面 M

$$M\colon x=x(u,v),\ y=y(u,v),\ z=z(u,v) \qquad \bigl((u,v)\in D\bigr)$$

の面積 S は，

$$S = \iint_D \left\| \frac{\partial \Phi}{\partial u}(u,v) \times \frac{\partial \Phi}{\partial v}(u,v) \right\| dudv$$
$$= \iint_D \sqrt{\left(\frac{\partial(x,y)}{\partial(u,v)}\right)^2 + \left(\frac{\partial(y,z)}{\partial(u,v)}\right)^2 + \left(\frac{\partial(z,x)}{\partial(u,v)}\right)^2}\, dudv$$

で与えられる.

系 6.5.2 (2 変数関数のグラフ曲面の面積)　有界な閉領域 D 上の C^1 級関数 $z = f(x,y)$ の面積 S は,

$$S = \iint_D \sqrt{1 + \left(\frac{\partial f}{\partial x}\right)^2 + \left(\frac{\partial f}{\partial y}\right)^2}\, dxdy$$

で与えられる.

例題 6.5.1　半径 r の球面の面積を求めよ.

[解答]　(i) 関数のグラフを利用する方法：関数 $z = \sqrt{r^2 - x^2 - y^2}$ $(x^2 + y^2 \leqq r^2)$ のグラフは上半球面 $S^2(r)_+$ である. このとき,

$$z_x = \frac{-x}{\sqrt{r^2 - x^2 - y^2}}, \quad z_y = \frac{-y}{\sqrt{r^2 - x^2 - y^2}}$$

であるので,

$$\sqrt{1 + z_x^2 + z_y^2} = \frac{r}{\sqrt{r^2 - x^2 - y^2}}$$

である. 平面の部分集合 D を $D = \{(x,y) \in \boldsymbol{R}^2 \mid x^2 + y^2 < r^2\}$ と定めるとき, 広義積分

$$I = \iint_D \frac{r}{\sqrt{r^2 - x^2 - y^2}}\, dxdy$$

は収束する. 実際に, $x = \rho\cos\theta$, $y = \rho\sin\theta$ とおくと,

$$I = \lim_{n\to\infty} \int_0^{2\pi} d\theta \int_0^{r - \frac{1}{n}} \frac{r}{\sqrt{r^2 - \rho^2}} \cdot \rho\, d\rho$$
$$= 2\pi r \lim_{n\to\infty} \left[-\sqrt{r^2 - \rho^2} \right]_0^{r - \frac{1}{n}} = 2\pi r^2$$

である. よって, 上半球面 $S^2(r)_+$ に「赤道」を加えたものの面積は $2\pi r^2$ であり, 半径 r の球面の面積は $4\pi r^2$ である.

(ii) 曲面の媒介変数表示を利用する方法：例 6.5.2 により,「北極点」を除いた部分は

$$x = r\sin\theta\cos\varphi, \quad y = r\sin\theta\sin\varphi, \quad z = r\cos\theta \quad \left(0 < \theta \leqq \frac{\pi}{2},\, 0 \leqq \varphi \leqq 2\pi\right)$$

によって媒介変数表示される．このとき，

$$\sqrt{\left(\frac{\partial(x,y)}{\partial(\theta,\varphi)}\right)^2 + \left(\frac{\partial(y,z)}{\partial(\theta,\varphi)}\right)^2 + \left(\frac{\partial(z,x)}{\partial(\theta,\varphi)}\right)^2} = r^2\sin\theta$$

である．「北極点」を付け加えても面積は変わらないので，「赤道」から上の部分の面積は

$$\begin{aligned} J &= \iint_{[0,\frac{\pi}{2}]\times[0,2\pi]} r^2\sin\theta\, d\theta d\varphi \\ &= r^2\left(\int_0^{\frac{\pi}{2}} \sin\theta\, d\theta\right)\left(\int_0^{2\pi} d\varphi\right) = 2\pi r^2 \end{aligned}$$

である．よって，半径 r の球面の面積は $4\pi r^2$ である． ■

例題 6.5.2 円周を回転軸のまわりに 1 回転して得られる回転体を**トーラス**という．図 6.18 のように，xz 平面の x 軸上の点 $(2,0)$ を中心とする半径 1 の円周を z 軸のまわりに 1 回転して得られるトーラスの $z \geqq 0$ の部分の面積 S を求めよ．

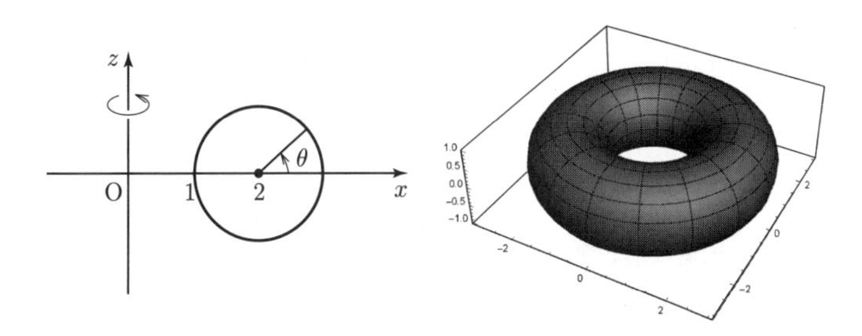

図 6.18

[解答] 問題のトーラスは

$$x = (2+\cos\theta)\cos\varphi, \quad y = (2+\cos\theta)\sin\varphi, \quad z = \sin\theta$$
$$(0 \leqq \theta \leqq \pi,\, 0 \leqq \varphi \leqq 2\pi)$$

によって表示される．このとき，

$$\sqrt{\left(\frac{\partial(x,y)}{\partial(\theta,\varphi)}\right)^2 + \left(\frac{\partial(y,z)}{\partial(\theta,\varphi)}\right)^2 + \left(\frac{\partial(z,x)}{\partial(\theta,\varphi)}\right)^2} = 2+\cos\theta$$

である．よって，

$$S = \iint_{[0,\pi]\times[0,2\pi]} (2+\cos\theta)\, d\theta d\varphi = 4\pi^2$$

である． ■

演 習 問 題

6.5.1 領域 D 上で定義された C^1 級の 2 変数関数からなる写像 $\Phi : D \to \boldsymbol{R}^3$

$$\Phi(u,v) = (x(u,v),\, y(u,v),\, z(u,v))$$

に対して，$\operatorname{rank} J\Phi(u,v) = 2$ であることは

$$\left(\frac{\partial(x,y)}{\partial(u,v)}\right)^2 + \left(\frac{\partial(y,z)}{\partial(u,v)}\right)^2 + \left(\frac{\partial(z,x)}{\partial(u,v)}\right)^2 \neq 0$$

であることと同値であることを示せ．

6.5.2 系 6.5.2 を証明せよ．

6.5.3 C^1 級の 1 変数関数 $f(x)$ は $a \leqq x \leqq b$ において $f(x) \geqq 0$ であるとする．このとき，xy 平面上の曲線 $y = f(x)$ $(a \leqq x \leqq b)$ を x 軸のまわりに回転してできる回転体の曲面積 S は

$$S = 2\pi \int_a^b f(x)\sqrt{1+f'(x)^2}\, dx$$

で与えられることを示せ．

6.5.4 次の空間内の図形の曲面積を求めよ．ただし，$a > 0$ とする．

(1) 円柱面 $x^2 + z^2 = a^2$ の $x^2 + y^2 \leqq a^2$ の部分の面積．

(2) 球面 $x^2 + y^2 + z^2 = 4a^2$ が円柱面 $x^2 + y^2 = 2ax$ によって切り取られる部分のうち，円柱面の内側にある部分の面積．

(3) xy 平面上の曲線 C を z 軸方向へ平行移動させて得られる曲面を曲線 C の**柱面**という．カーディオイド $(x = (1+\cos\theta)\cos\theta,\ y = (1+\cos\theta)\sin\theta\ (0 \leqq \theta \leqq 2\pi))$ の柱面の $0 \leqq z \leqq 2$ の部分の面積．

6.5.5 例題 6.5.2 のトーラスの $z \geqq 0$ の部分の面積を，次の指定された方法に従って求めよ．

(1) 2 変数関数 $z = f(x,y)$ のグラフ曲面と考えて面積を求めよ．

(2) xz 平面の点 $(2,0)$ を中心とする半径 1 の半円を z 軸のまわりに 1 回転して得られる回転体と考えて，問題 6.5.3 の公式を用いて面積を求めよ．

6.5.6 xy 平面の領域 D に対して，各 $(x,y) \in D$ での密度を表す密度関数 $\rho(x,y)$ が与えられたとき，$M = \iint_D \rho(x,y)\, dxdy$ を D の**質量**という．さらに，$M \neq 0$ であ

る領域 D に対して,

$$\bar{x} = \frac{1}{M}\iint_D x\rho(x,y)\,dxdy, \quad \bar{y} = \frac{1}{M}\iint_D y\rho(x,y)\,dxdy$$

と定め，点 $(\bar{x},\bar{y})$ を D の**重心**という．特に，密度関数 ρ が一定値であるとき，その重心を D の**図心**という．

(1) 3 点 $(0,0),(1,0),(0,1)$ を頂点とする三角形を領域 D とし，その密度関数を $\rho(x,y)=x+y$ とする．このとき，D の重心を求めよ．

(2) 定数 a は $a>0$ であるとする．領域 $D=\{(x,y)\in \boldsymbol{R}^2 \mid x^2+y^2 \leqq a^2,\ x \geqq 0,\ y \geqq 0\}$ について，D の図心を求めよ．

6.5.7 回転体の体積に関して，「パップスの定理」とよばれるものがある．xy 平面内の領域 D が y 軸と交わらないものとする．このとき，パップスの定理によれば，D を y 軸のまわりに回転して得られる回転体の体積 V は

$$V = (\text{領域 } D \text{ の面積}) \times (\text{領域 } D \text{ の図心が 1 周して得られる円周の長さ})$$

で与えられる．パップスの定理を用いて，以下の回転体の体積を求めよ．

(1) 3 点 $(0,0),(1,0),(0,1)$ を頂点とする三角形を y 軸のまわりに回転して得られる回転体．

(2) 領域 $D=\left\{(x,y)\in \boldsymbol{R}^2 \;\middle|\; \dfrac{(x-c)^2}{a^2}+\dfrac{y^2}{b^2} \leqq 1\right\}$ (ただし，$c>a>0,\ b>0$) を y 軸のまわりに回転して得られる回転体．

アダプティブオンライン演習「愛あるって」

A.1 「愛あるって」の理論的背景

本書に付随したアダプティブオンライン演習「愛あるって」は，**項目反応理論** (Item Response Theory といい，IRT という略語を用いる) を背景とした新しい評価法を用いている．これまでの評価法では，各問題にはあらかじめ配点が与えられ，それぞれの問題の得点を合計した総得点が評価値であった．同じ試験を多くの人に課せば全員の総得点が得られる．そこから平均や標準偏差を算出すれば，自分の相対的な評価値を偏差値という形で求めることができる．しかし，問題の配点を変えれば総得点が違ってくる場合がある．配点によって評価値が変わるのは公正な評価法とはいえないかもしれない．そこで，各受験者の評価値に加えて問題の難易度も同時に求めながら，公正で公平な評価法が提案された．これが IRT による評価法である．この理論は，これまでに TOEFL など多くの公的な場面で適用されている．本書ではこの評価法を用いた演習をオンラインで行うことができる．

IRT では，各問題 j に対する受験者 i の評価確率 $P_j(\theta_i; a_j, b_j, c_j)$ がロジスティック分布，すなわち，

$$P_j(\theta_i; a_j, b_j, c_j) = c_j + \frac{1}{1+\exp\{-1.7a_j(\theta_i - b_j)\}} \tag{A.1}$$

に従っていると仮定する．a_j, b_j, c_j は，それぞれ問題 j の識別力 (簡単にいうと，問題の良し悪しを表す)，困難度 (文字どおり，問題の難易度を表す)，当て推量 (偶然に正答する確率を表す)，θ_i は受験者 i の学習習熟度 (ability) を表している．数値 1.7 は分布が標準正規分布に近くなるように調整された定数である．受験者 $i = 1, 2, \cdots, N$ が項目 $j = 1, 2, \cdots, n$ に対して取り組んだ結果，その解答が正答なら $\delta_{i,j} = 1$，誤答なら $\delta_{i,j} = 0$ と書き表すと，すべての

受験者がすべての問題に挑戦した結果 (これを**反応パターン**という) の確率は, 独立事象を仮定すれば, $c_j = 0$ と仮定した場合,

$$L = \prod_{i=1}^{N} \prod_{j=1}^{n} P_j(\theta_i; a_j, b_j)^{\delta_{i,j}} (1 - P_j(\theta_i; a_j, b_j))^{1-\delta_{i,j}} \tag{A.2}$$

と表される. これを**尤度関数**という. 図 A.1 に, IRT による評価の過程のイメージを示す.

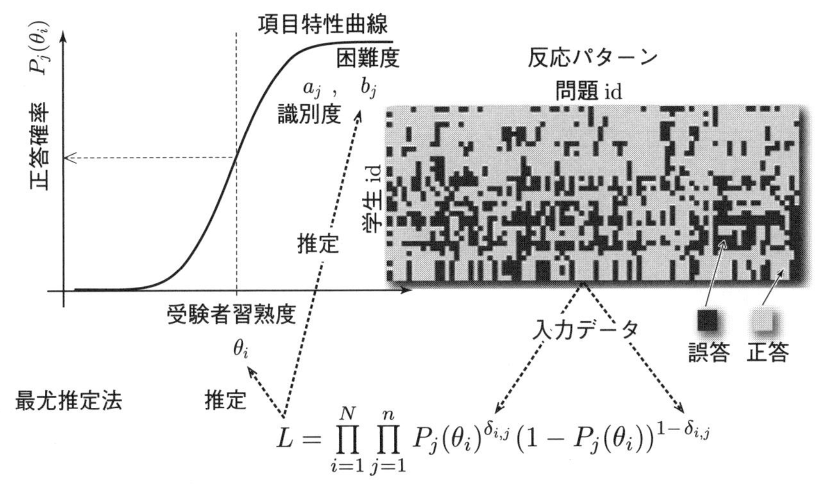

図 A.1 項目反応理論 (IRT) による評価の過程

誤答 0 と正答 1 からなる $\delta_{i,j}$ を式 (A.2) の尤度関数 L に代入し, それを最大にするような a_j, b_j, θ_i を同時に求めるのが IRT による評価法である.

ここで, なぜ古典的な評価法ではなく IRT を使った評価法が適切なのかについて考えてみる. いま, A, B 両君が 13 問の数学問題に挑戦し, $\delta_{i,j}$ の値が問題順に,

A 1111110001011

B 1011110011011

であったとする. 2 問目と 9 問目で正誤が入れ替わっているだけで他は同じ解答パターンなので, 正答率はどちらも同じ値 0.69 となる. しかし, A, B 以外の受験者も加えて IRT を使って問題の難易度 b_j を計算してみると, 2 問目では 2.3, 9 問目では 1.2 なので, 2 問目を正答した A 君のほうが学習習熟度が高いと考えるのが自然であると思われる. 実際, A, B 両君の ability θ_i を求めてみると, それぞれ 1.70, 1.56 である. IRT は自然な配点を自動的に行って

いることがわかる．この例は，IRT のほうがよりふさわしい学習習熟度の評価値を与えていることを示唆している．

このオンライン演習では，問題の出題時には問題の難易度はすでに与えられている．受験者には，まず平均的なレベルの問題が与えられる．その問題が解けると少し難しい問題が与えられる．解けなければもう少しやさしい問題になる．このようにいくつかの問題を解いていくうちに自分の習熟度レベルと問題のレベルとが段々一致してくる．何問か解いた時点で最終的な評価点を出す．これを**アダプティブオンラインテスティング**という．

アダプティブテスティングでは，困難度はあらかじめ与えられているので未知数は θ_i だけと少なくなり，したがって習熟度を推定するために計算する手間は IRT よりも簡単になる．ただし，ときおり行う難易度の調整のための計算は通常の IRT よりも手間は大きくなる．図 A.2 に，アダプティブオンラインテスティングでの推定過程のイメージを示す．

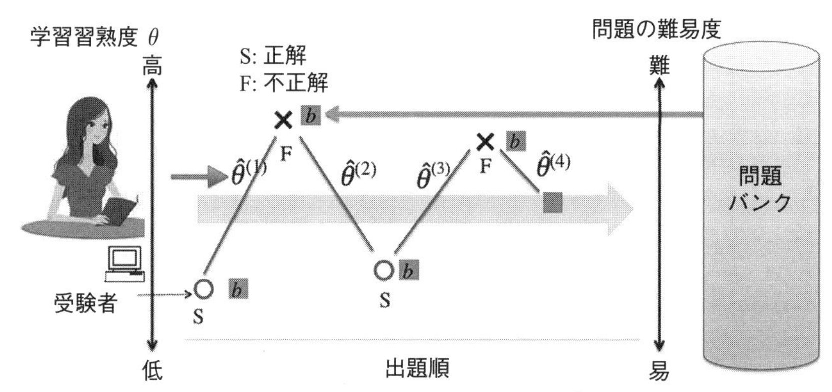

図 A.2 アダプティブテスティングでの推定過程．$b, \hat{\theta}$ は，問題を 1 問解くごとに変更されていく推定値を表す．

A.2 「愛あるって」の使い方

A.2.1 初期登録手続き

「愛あるって」では，初期登録を行った後，問題を解答するシステムになっている．

初期登録は以下の手順に従って行う．

1) 培風館のホームページ

http://www.baifukan.co.jp/shoseki/kanren.html

にアクセスし，本書の「愛あるって」をクリックする．初回のアクセス時には，「接続の安全性を確認できません」というメッセージが表示されることがあるが，そのままブラウザの指示に従って進める．

2) システムにアクセスすると，ユーザ名とパスワードが求められる．ここでは，仮に以下のユーザ名とパスワードを入力して「OK」ボタンを押す．

- ユーザ名：guest
- パスワード：irt2014

3) すでにログイン ID をもっているユーザは登録されたユーザ ID とパスワードを入力してログインする．まだ登録していない場合，

「ユーザ ID をお持ちでない方は コチラ」

をクリックする．その後，ログイン ID，氏名，パスワード，メールアドレス (任意) を入力する．「登録」ボタンを押すと登録が完了する．

A.2.2 実際の利用法

1) 本登録後にシステムにログインすると，受験トップ画面が現れるので，図 A.3 のように演習を行いたい章を選択し「開始」ボタンを押す．

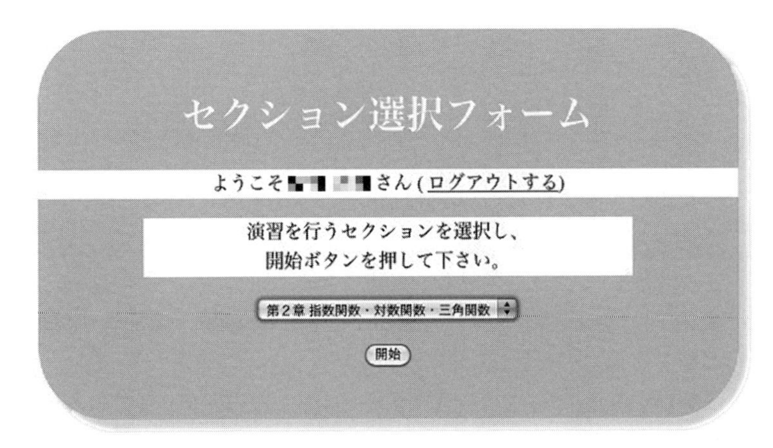

図 A.3 演習を行いたい章を選択

2) 開始されると図 A.4 のような問題画面が表示されるので，問題をよく読み，各問に対応した選択肢から，正解だと思うものを選んでクリックする．

図 A.4　第 1 問目の例

解き終えたら「回答して次へ」のボタンを押す．最後の問題を解き終えた場合は「解答して終了」ボタンを押す．

3) 問題を解き終えると図 A.5 のような画面が表示され，各問題を解くごとに推定されたあなたの習熟度がグラフ化される．「成績一覧」では，過去の習熟度の変化や全体におけるあなたのランク (S，A，B，C，D の 5 段階評価) をグラフで見ることができる．
その下には，図 A.6 のような画面が表示され，問題番号をクリックすれば解答と正答が表示される．
「印刷する」ボタンをクリックすると受験した内容を pdf に出力した後，印刷することができる．

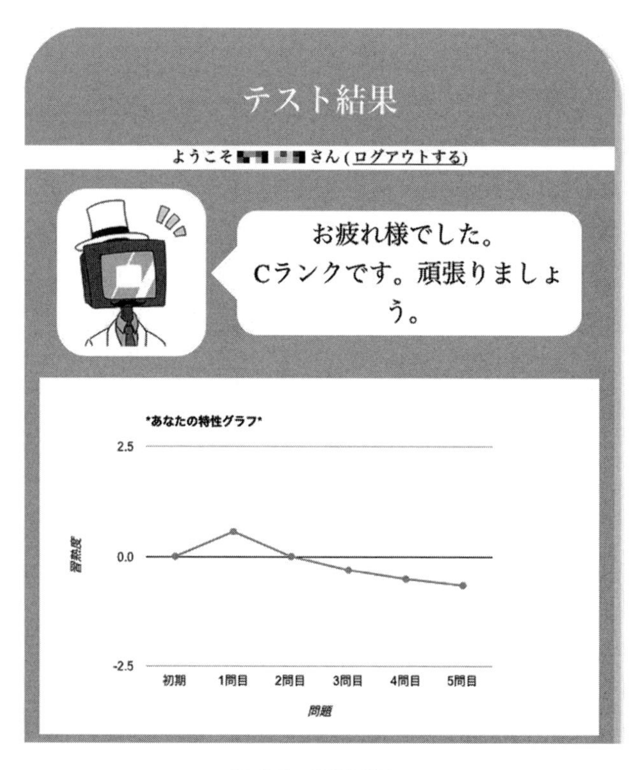

図 A.5　解説画面 1

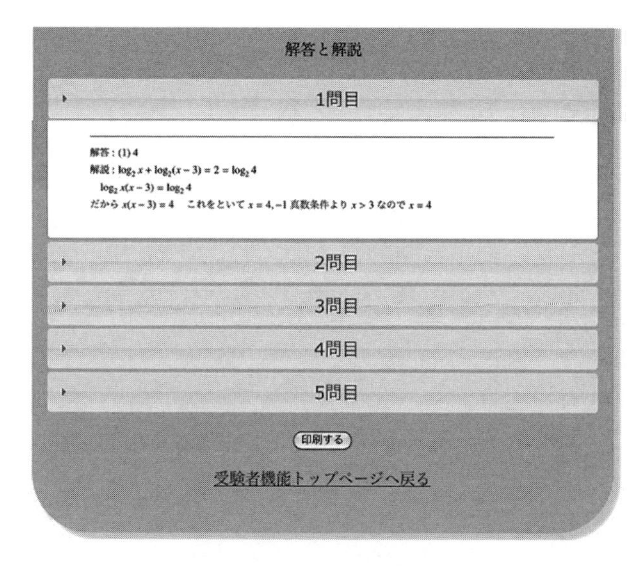

図 A.6　解説画面 2

演習問題略解

演習問題 4.1.1〜4.3.3 の解答においては，積分定数 C を省略する．また，演習問題 4.7.1 の解答における C は微分方程式の一般解の任意定数を表す．解答の詳細な解説や証明問題などの解答を略したものについては，Web にて，その解答を公開している．

第 1 章

1.2.1 (1) $-\dfrac{2}{5}$　(2) $\dfrac{1}{3}$　(3) 発散　(4) 0　(5) $\log 3$　(6) 0　(7) 発散

1.2.2 略

1.2.3 (1) 3　(2) 3　(3) 4

1.2.4 略

1.3.1 (1) $\dfrac{a}{1-r}$　(2) 1

1.3.2 条件より $a_n \leqq \dfrac{a_1}{b_1} b_n$ を導き，定理 1.3.4 を利用.

1.3.3 (1) 収束　(2) $k \leqq 1$ のとき発散，$k > 1$ のとき収束　(3) 収束
(4) 発散　(5) 収束　(6) 発散

第 2 章

2.1.1 (1) $\dfrac{\sqrt{2}}{2}$　(2) $-\dfrac{\sqrt{3}}{2}$　(3) $-\sqrt{3}$

2.1.2 (1) $\dfrac{2\sqrt{2}}{3}$　(2) $-\dfrac{2\sqrt{6}}{5}$　(3) $\tan(x+y) = -1,\ x+y = \dfrac{3\pi}{4}$

2.1.3 (1) $-\dfrac{1}{4}$　(2) $\dfrac{2-\sqrt{3}}{4}$　(3) $\dfrac{\sqrt{2}}{2}$　(4) $-\dfrac{\sqrt{2}}{2}$

2.1.4 (1) 3　(2) 2　(3) 3　(4) 3　(5) $\dfrac{3}{5}$

2.2.1 (1) $x = \dfrac{y+1}{3}$, 定義域 $\boldsymbol{R}$, 値域 $\boldsymbol{R}$

(2) $x = \sqrt{y+2} - 1$ または $x = -\sqrt{y+2} - 1$，定義域はどちらも $y \geqq -2$，値域は前者は $x \geqq -1$，後者は $x \leqq -1$.

(3) $x = \dfrac{-1-y}{y-2}$，定義域 $y \neq 2$，値域 $x \neq -1$

2.2.2 (1) $\dfrac{\pi}{6}$　(2) $\dfrac{\pi}{4}$　(3) $\dfrac{\pi}{6}$　(4) $-\dfrac{\pi}{6}$　(5) $-\dfrac{\pi}{4}$　(6) $\dfrac{5\pi}{6}$　(7) $\dfrac{\pi}{2}$

2.2.4 (1) $\dfrac{3}{4}$ (2) $\dfrac{\sqrt{3}}{3}$ (3) $\dfrac{\sqrt{2}+\sqrt{6}}{4}$ (4) $\dfrac{3}{5}$

2.2.6 (1) 3 (2) 2 (3) 1 (4) 0

2.2.7 (1) $x = \dfrac{4}{3}$ (2) $x = 243, \dfrac{1}{3}$

2.4.1 (1) 3 (2) $-\infty$ (3) $-\dfrac{1}{2}$ (4) $\dfrac{2}{3}$ (5) 0 (6) $\dfrac{4}{3}$ (7) $-\infty$ (8) $-\infty$

(9) $\dfrac{1}{4}$ (10) $\dfrac{1}{2}$ (11) $\dfrac{1}{2}$ (12) 存在しない

2.4.2 (1) $\displaystyle\lim_{x\to1+0} \frac{|x^3-1|}{x-1} = 3,\ \lim_{x\to1-0} \frac{|x^3-1|}{x-1} = -3$

(2) $\displaystyle\lim_{x\to1+0} \frac{1}{|x-1|} = \infty,\ \lim_{x\to1-0} \frac{1}{|x-1|} = \infty$

(3) $\displaystyle\lim_{x\to-1+0} \frac{x}{x^2-1} = \infty,\ \lim_{x\to-1-0} \frac{x}{x^2-1} = -\infty$

(4) $\displaystyle\lim_{x\to+0} \frac{1}{\sin x} = \infty,\ \lim_{x\to-0} \frac{1}{\sin x} = -\infty$

(5) $\displaystyle\lim_{x\to1+0} [x] = 1,\ \lim_{x\to1-0} [x] = 0$

(6) $\displaystyle\lim_{x\to+0} ([x]+[1-x]) = 0,\ \lim_{x\to-0} ([x]+[1-x]) = 0$

2.4.3 (1) 0 (2) 0 (3) 0

2.4.4 (1) 連続でない (2) 連続 (3) 連続でない

第 3 章

3.1.1 $-\dfrac{1}{2}$

3.1.2 (2) 0, 0

3.1.3 (2) 加法定理を用いて極限 $\displaystyle\lim_{h\to0} \frac{\cos(x+h)-\cos x}{h}$ を変形，計算する．

3.1.4 (1) (右辺) $= \dfrac{(n-1)!}{(n-1-p)!p!} - \dfrac{(n-1)!}{(n-p)!(p-1)!} = \dfrac{n!}{(n-p)!p!}$

(2) たとえば，n に関する数学的帰納法を用いる．

3.2.1 $\dfrac{-1}{\sqrt{1-x^2}}$，開区間 $(-1, 1)$.

3.2.2 (2) $\dfrac{dy}{dx} = \dfrac{-2t}{(t-1)(t+1)}$ より，$\dfrac{dy}{dx} = 0 \Longleftrightarrow t = 0$. $\dfrac{dy}{dx} > 0 \Longleftrightarrow t < -1$, $0 < t < 1$.

(3) $\displaystyle\lim_{t\to+\infty} \frac{dy}{dx} = 0,\ \lim_{t\to-\infty} \frac{dy}{dx} = 0$

(4) $\displaystyle\sqrt{\left(\frac{dx}{dt}\right)^2 + \left(\frac{dy}{dt}\right)^2} = 3(t^2+1) \geqq 3$

3.3.2 $\left(x^2 - 2nx + n(n-1)\right)(-1)^n e^{-x}$

3.3.3 (1) $f^{(n)}(x) = 4^n \sin\left(4x + \dfrac{\pi}{2}n\right)$, $f^{(n)}(0) = \begin{cases} 4^n(-1)^{\frac{n-1}{2}} & (n \text{ が偶数のとき}) \\ 0 & (n \text{ が奇数のとき}) \end{cases}$

(2) $f^{(n)}(x) = \pi(\pi-1)\cdots(\pi-n+1)(x+1)^{\pi-n}$, $f^{(n)}(0) = \pi(\pi-1)\cdots(\pi-n+1)$

3.3.4 $f^{(3)}(x) = \begin{cases} 6 & (x > 0) \\ -6 & (x < 0), \end{cases}$ $f^{(3)}(0)$ は存在しない.

3.4.1 (1) 0 (2) $+\infty$ (3) 0 (4) 1

3.4.2 (1) 2 (2) 0 (3) 1

3.4.4 0

3.4.5 $f''(x) = -f(x)$ が成り立つことを示し, 関数 $F(x) = f'(x)\cos x + f(x)\sin x$, $G(x) = f(x)\cos x - f'(x)\sin x$ が定数であることを利用する.

3.5.1 (1) 収束半径 $R = 2$ (2) $R = \dfrac{e^2}{4}$ (3) $R = +\infty$

3.5.2 (2) $G(x) = f(a+b-x)f(x) - f'(a+b-x)f'(x)$ が定数であることを示す.
(3) 加法定理を用いる.

第4章

4.1.1 (1) $\dfrac{1}{2}x^4 - \dfrac{5}{2}x^2 + x$ (2) $3\sqrt[3]{x}$ (3) $\log|x| + 4\sqrt{x} + x$ (4) $\log|x+1|$

(5) $-\dfrac{1}{2}e^{-2x}$ (6) $-\dfrac{1}{2}\cos 2x$ (7) $\dfrac{1}{4}\sin 4x$ (8) $-\log|\cos x|$

(9) $\tan x - x$ (10) $\sin^{-1}\dfrac{x}{2}$ (11) $\dfrac{1}{\sqrt{3}}\tan^{-1}\dfrac{x}{\sqrt{3}}$ (12) $\dfrac{1}{2}\log(x^2+4)$

4.2.1 (1) $\dfrac{1}{12}(2x-5)^6$ (2) $\dfrac{1}{3}e^{x^3}$ (3) $\dfrac{2}{45}(2-3x)^{\frac{5}{2}} - \dfrac{4}{27}(2-3x)^{\frac{3}{2}}$

(4) $-\dfrac{1}{4}\cos^4 x$ (5) $\dfrac{1}{2}(\log x)^2$ (6) $\log(1+e^x)$ (7) $(x^2-2x+2)e^x$

(8) $\dfrac{1}{4}x^2 + \dfrac{1}{4}x\sin 2x + \dfrac{1}{8}\cos 2x$ (9) $\dfrac{1}{3}x^3\log x - \dfrac{1}{9}x^3$

(10) $x(\log x)^2 - 2x\log x + 2x$ (11) $x\sin^{-1}x + \sqrt{1-x^2}$

(12) $x\tan^{-1}x - \dfrac{1}{2}\log(1+x^2)$

4.2.2 (2) $-\dfrac{1}{4}\sin^3 x\cos x - \dfrac{3}{8}\sin x\cos x + \dfrac{3}{8}x$

4.3.1 (1) $\dfrac{1}{6}(\log|x-2| - \log|x+4|)$ (2) $\tan^{-1}(x+1)$

(3) $\dfrac{1}{4}(\log|x-1| - \log|x+1|) - \dfrac{1}{2}\tan^{-1}x$

(4) $\log(x^2+1) - \log|x| + \tan^{-1}x$ (5) $\dfrac{1}{3}x^3 + \dfrac{1}{\sqrt{2}}\tan^{-1}\dfrac{x}{\sqrt{2}}$

(6) $\dfrac{1}{2}x^2 + \dfrac{1}{6}(\log|x-1| + \log|x+1|) - \dfrac{2}{3}\log(x^2+2)$

4.3.2 (1) $\log\left|\tan\dfrac{x}{2}\right|$ (2) $\dfrac{2}{\sqrt{3}}\tan^{-1}\left(\dfrac{2}{\sqrt{3}}\left(\tan\dfrac{x}{2}+\dfrac{1}{2}\right)\right)$

(3) $\dfrac{1}{\sqrt{2}}\tan^{-1}\left(\dfrac{1}{\sqrt{2}}\tan\dfrac{x}{2}\right)$ (4) $x-\dfrac{2\sin\dfrac{x}{2}}{\cos\dfrac{x}{2}+\sin\dfrac{x}{2}}$

(5) $\dfrac{1}{2}x+\dfrac{1}{2}\log|\cos x+\sin x|$ (6) $\dfrac{1}{2}\log\left|\tan\dfrac{x}{2}\right|+\dfrac{1}{4}\tan^2\dfrac{x}{2}+\tan\dfrac{x}{2}$

4.3.3 (1) $\dfrac{3}{28}(1+x)^{\frac{4}{3}}(4x-3)$ (2) $2\sqrt{x+1}-4\tan^{-1}\sqrt{x+1}$

(3) $\log|x+1+\sqrt{x^2+2x+3}|$ (4) $\dfrac{1}{\sqrt{3}}\log\left|\dfrac{\sqrt{1+x+x^2}+x-1+\sqrt{3}}{\sqrt{1+x+x^2}+x-1-\sqrt{3}}\right|$

4.4.1 (1) $\log 2$ (2) $\dfrac{2}{3}$ (3) $\dfrac{\pi}{4}$

4.4.2 (1) $\dfrac{1}{2}\log 3+\dfrac{\sqrt{3}}{6}\pi$ (2) $\dfrac{2}{3}\log 2-\dfrac{1}{6}\log 7$ (3) $\dfrac{\pi}{4}$ (4) $\dfrac{1}{2}$

(5) $\dfrac{1}{9}(24\log 2-7)$ (6) $\log 2-2+\dfrac{\pi}{2}$

4.4.3 (2) $\displaystyle\int_0^{\frac{\pi}{2}}\sin^7 x\,dx=\frac{16}{35},\quad \int_0^{\frac{\pi}{2}}\cos^8 x\,dx=\frac{35}{256}\pi$

4.4.4 (1) $m\neq n$ のとき 0, $m=n$ のとき π (2) 0
(3) $m\neq n$ のとき 0, $m=n$ のとき π

4.4.5 (1) $3x^2f(1+x^3)+2xf(1-x^2)$ (2) $2xf(x^2)$ (3) $f(x)-f(1)$

4.5.1 (1) $\dfrac{4}{3}$ (2) -1 (3) -1 (4) π (5) 0 (6) $\dfrac{\pi}{2}$ (7) $\dfrac{1}{2}\log 2$

(8) 1 (9) $\log 2$ (10) 1 (11) $\dfrac{1}{2}$ (12) $\dfrac{\pi}{4}+\dfrac{1}{2}\log 2$

4.5.3 (1) 発散 (2) 収束 (3) 発散 (4) 収束

4.6.1 (1) $\pi-1$ (2) $\dfrac{5}{2}$ (3) 2π (4) $\dfrac{81}{2}$ (5) $\dfrac{3}{8}\pi a^2$

4.6.2 (1) $\dfrac{16}{15}\pi$ (2) $\dfrac{\pi^2}{8}+\dfrac{\sqrt{3}}{8}\pi$ (3) $\left(\dfrac{e^2}{4}-\dfrac{1}{4e^2}+1\right)a^3\pi$

4.6.3 (1) $8a$ (2) $\sqrt{2}(e^\pi-1)$ (3) $\dfrac{\sqrt{5}}{2}+\dfrac{1}{4}\log(2+\sqrt{5})$ (4) $\log(\sqrt{2}+1)$

4.7.1 (1) $y=Ce^{x^2}$ (2) $y=-1,\ y=\dfrac{1+Ce^{2x}}{1-Ce^{2x}}$ (3) $y=\dfrac{C}{\sqrt{|x|}}$

(4) $y=\dfrac{x+C}{1-Cx}$ (5) $x^2-2xy-y^2=C$ (6) $x^2+y^2=Cy$

(7) $x\sin\dfrac{y}{x}=C$ (8) $y=-x-1+Ce^x$ (9) $y=2x-2+Ce^{-x}$

(10) $y=\cos x+C\cos^2 x$

第5章

5.1.1 (1) $\{(x,y) \in \boldsymbol{R}^2 \mid x^2+y^2 \leqq 4\}$　(2) $\{(x,y) \in \boldsymbol{R}^2 \mid x^2+y^2 > 1\}$
(3) $\{(x,y) \in \boldsymbol{R}^2 \mid x+y \leqq 3\}$　(4) $\{(x,y) \in \boldsymbol{R}^2 \mid x \neq 0\}$

5.2.1 (1) -1　(2) 3　(3) 存在しない　(4) 存在しない　(5) 0　(6) 0

5.3.1 (1) $f_x(0,0)=0,\ f_y(0,0)=1$
(2) $f_y(0,0)=0$, x に関しては偏微分可能でない.
(3) $f_x(0,0)=0,\ f_y(0,0)=0$

5.3.2 (1) $f_x(x,y)=3x^2+y^2+4xy^3,\ f_y(x,y)=2xy+6x^2y^2$
(2) $f_x(x,y)=-\dfrac{y}{x^2},\ f_y(x,y)=\dfrac{1}{x}$
(3) $f_x(x,y)=2e^{2x}\sin^2 y,\ f_y(x,y)=e^{2x}\sin(2y)$
(4) $f_x(x,y)=-y^2\sin(xy^2),\ f_y(x,y)=-2xy\sin(xy^2)$
(5) $f_x(x,y)=\dfrac{2x}{x^2+y^2},\ f_y(x,y)=\dfrac{2y}{x^2+y^2}$

5.4.1 (1) $f_{xx}(x,y)=6x+4y^3,\ f_{xy}(x,y)=f_{yx}(x,y)=2y+12xy^2,$
$f_{yy}(x,y)=2x+12x^2y$
(2) $f_{xx}(x,y)=\dfrac{2y}{x^3},\ f_{xy}(x,y)=f_{yx}(x,y)=-\dfrac{1}{x^2},\ f_{yy}(x,y)=0$
(3) $f_{xx}(x,y)=4e^{2x}\sin^2 y,\ f_{xy}(x,y)=f_{yx}(x,y)=2e^{2x}\sin(2y),$
$f_{yy}(x,y)=2e^{2x}\cos(2y)$
(4) $f_{xx}(x,y)=-y^4\cos(xy^2),$
$f_{xy}(x,y)=f_{yx}(x,y)=-2xy^3\cos(xy^2)-2y\sin(xy^2),$
$f_{yy}(x,y)=-4x^2y^2\cos(xy^2)-2x\sin(xy^2)$
(5) $f_{xx}(x,y)=-\dfrac{2(x^2-y^2)}{(x^2+y^2)^2},\ f_{xy}(x,y)=f_{yx}(x,y)=-\dfrac{4xy}{(x^2+y^2)^2},$
$f_{yy}(x,y)=\dfrac{2(x^2-y^2)}{(x^2+y^2)^2}$

5.5.1 (1) $z=10x-2y-3$　(2) $z=3x+y+1$　(3) $z=-\dfrac{x+y-4}{\sqrt{2}}$

5.5.2 (1) $e^{t\sin t}(\cos t-t\sin t)+e^{t\sin t}(\sin t+t\cos t)t\cos t$
(2) $-e^{-t}f_x(e^{-t},e^{2t})+2e^{2t}f_y(e^{-t},e^{2t})$

5.5.3 (1) $\dfrac{\partial z}{\partial s}=e^{s-t}\cos(st)-te^{s-t}\sin(st),\ \dfrac{\partial z}{\partial t}=-e^{s-t}\cos(st)-se^{s-t}\sin(st)$
(2) $\dfrac{\partial z}{\partial s}=f_x(s+2t,3s+t)+3f_y(s+2t,3s+t),$
$\dfrac{\partial z}{\partial t}=2f_x(s+2t,3s+t)+f_y(s+2t,3s+t)$

5.5.4 0

5.5.5 0

5.5.6 $z_\theta=\dfrac{\partial z}{\partial x}\dfrac{\partial x}{\partial \theta}+\dfrac{\partial z}{\partial y}\dfrac{\partial y}{\partial \theta}$ を用いよ.

5.6.1 (1) $1+x+2y+x^2+2xy+4y^2$ (2) $x-\frac{1}{2}x^2+\frac{1}{2}y^2$

(3) $1+x-\frac{1}{2}y-\frac{1}{2}x^2+\frac{1}{2}xy-\frac{1}{8}y^2$ (4) $1-x+y+\frac{5}{2}x^2-xy-\frac{5}{2}y^2$

(5) $1-\frac{1}{2}(x^2+2xy+y^2)$

5.7.1 (1) $(0,0)$ が停留点．また，極値はとらない．

(2) $(0,0)$, $(\pm1,\pm1)$ が停留点．また，点 $(\pm1,\pm1)$ で極小値 -1 をとる．

(3) $(0,0)$, $\left(\frac{1}{6},\frac{1}{12}\right)$ が停留点．また，点 $\left(\frac{1}{6},\frac{1}{12}\right)$ で極小値 $-\frac{1}{432}$ をとる．

(4) $(0,0)$, $(\pm1,0)$, $(0,\pm1)$, $\left(\pm\frac{1}{2},\pm\frac{1}{2}\right)$, $\left(\pm\frac{1}{2},\mp\frac{1}{2}\right)$ が停留点．また，点 $\left(\pm\frac{1}{2},\pm\frac{1}{2}\right)$ で極小値 $-\frac{1}{8}$ をとる．点 $\left(\pm\frac{1}{2},\mp\frac{1}{2}\right)$ で極大値 $\frac{1}{8}$ をとる．

(5) $(0,0)$, $\left(\frac{1}{3},\frac{1}{3}\right)$ が停留点．また，点 $(0,0)$ で極大値 0 をとる．

(6) $\left(\frac{6}{7},\frac{5}{7}\right)$ が停留点．また，この点で極小値 $-\frac{8}{7}$ をとる．

(7) $\left(-\frac{4}{3},-\frac{2}{3}\right)$ が停留点．また，この点で極小値 $-\frac{4}{3}$ をとる．

(8) $\left(\pm\frac{1}{\sqrt{2}},\pm\frac{1}{\sqrt{2}}\right)$ が停留点．また，極値はとらない．

(9) $(1,1)$ が停留点．また，この点で極小値 3 をとる．

5.8.1 (1) $y'(2)=\frac{4}{3}$, $y=\frac{4}{3}x-\frac{2}{3}$ (2) $y'(1)=\frac{1}{\sqrt{3}}$, $y=\frac{1}{\sqrt{3}}x+\frac{\sqrt{3}}{6}$

(3) $y'(1)=\frac{3}{2}$, $y=\frac{3}{2}x+\frac{1}{2}$

5.8.2 (1) $z_x(1,1)=z_y(1,1)=-\frac{1}{\sqrt{2}}$, $z=-\frac{1}{\sqrt{2}}x-\frac{1}{\sqrt{2}}y+2\sqrt{2}$

(2) $z_x(1,2)=\frac{4}{3}$, $z_y(1,2)=-\frac{1}{6}$, $z=\frac{4}{3}x-\frac{1}{6}y$

(3) $z_x\left(\frac{\pi}{3},\frac{4}{3}\right)=-\frac{3}{7}$, $z_y\left(\frac{\pi}{3},\frac{4}{3}\right)=-\frac{3\pi}{14}$, $z=-\frac{3}{7}x-\frac{3\pi}{14}y+\frac{13\pi}{14}$

5.9.1 (1) 点 $(\pm1,\pm1)$ で最大値 2，点 $\left(\pm\frac{1}{\sqrt{3}},\mp\frac{1}{\sqrt{3}}\right)$ で最小値 $\frac{2}{3}$ をとる．

(2) 点 $(1,2)$ で最大値 5，点 $(-1,-2)$ で最小値 -5 をとる．

(3) 点 $(0,1)$ で最大値 1，点 $(0,-1)$ で最小値 -1 をとる．

5.9.2 点 $\left(\pm\frac{1}{2},\pm\frac{1}{2}\right)$ で最大値 $\frac{1}{\sqrt{2}}$，点 $\left(\pm\frac{1}{2\sqrt{2}},\mp\frac{1}{2\sqrt{2}}\right)$ で最小値 $\frac{1}{2}$ をとる．

第6章

6.1.1 重積分の値は $k(b-a)(d-c)$.

6.1.2, **6.1.3** 略

6.1.4 (1) 縦線型領域：$\displaystyle\int_0^1\left(\int_0^{x^2} f(x,y)dy\right)dx+\int_1^2\left(\int_0^1 f(x,y)dy\right)dx$,

横線型領域：$\displaystyle\int_0^1\left(\int_{\sqrt{y}}^2 f(x,\,y)dx\right)dy$

(2) 縦線型領域：$\displaystyle\int_0^1\left(\int_{x^2}^{-x+2} f(x,\,y)dy\right)dx$,

横線型領域：$\displaystyle\int_0^1\left(\int_0^{\sqrt{y}} f(x,\,y)dx\right)dy+\int_1^2\left(\int_0^{-y+2} f(x,\,y)dx\right)dy$

6.1.5 (1) $\dfrac{1}{2}e^2-e+\dfrac{1}{2}$ (2) $3-\pi+\dfrac{\pi^2}{8}$ (3) $\dfrac{1}{3}$ (4) $\dfrac{1}{4}$ (5) $\dfrac{62}{15}$

6.1.6 (1) $\dfrac{\sqrt{2}-1}{2\sqrt{2}}$ (2) $\dfrac{e-1}{2}$

6.1.7 略

6.2.1 (1) $\log 2$ (2) $\pi\left(1-\cos\dfrac{\pi^2}{4}\right)$ (3) $(\sqrt{2}-1)\pi a$ (4) $\dfrac{\sqrt{6}}{24}\pi\left(1-\dfrac{1}{e^6}\right)$

6.2.2 (1) 略 (2) $\dfrac{1}{15}(781-408\sqrt{3}+50\sqrt{5})$

6.3.1 (1) $\dfrac{3}{8}-\dfrac{1}{2}\log 2$ (2) $\dfrac{24}{11}$ (3) $\dfrac{3}{2}\pi$

6.4.1 (1) $\dfrac{\pi}{4}$ (2) 2π (3) $\dfrac{9}{10}$ (4) 2

6.4.2 (1) $\alpha>2$ のとき収束．その広義積分の値は $\dfrac{1}{(\alpha-1)(\alpha-2)}$.

(2) $0<\alpha<1$ のとき収束．その広義積分の値は $\dfrac{\pi}{1-\alpha}$.

6.4.3 (1) $-\dfrac{1}{2}$ (2) $\dfrac{1}{2}$ (3) $f(x,\,y)$ が非負とは限らない場合，定理 6.4.1 は成立しない．

6.4.4 略

6.5.1, **6.5.2**, **6.5.3** 略

6.5.4 (1) $8a^2$ (2) $8(\pi-2)a^2$ (3) 16

6.5.5 (1) 例題 6.5.2 のトーラスは方程式 $(\sqrt{x^2+y^2}-2)^2+z^2=1$ で与えられる．このことを用いて計算せよ． (2) 略

6.5.6 (1) $\left(\dfrac{3}{8},\,\dfrac{3}{8}\right)$ (2) $\left(\dfrac{4a}{3\pi},\,\dfrac{4a}{3\pi}\right)$

6.5.7 (1) 図心は $\left(\dfrac{1}{3},\,\dfrac{1}{3}\right)$，体積は $\dfrac{\pi}{3}$. (2) 図心は $(c,0)$，体積は $2\pi^2 abc$.

索　引

記　号

あ　行

か　行

さ　行

た　行

な 行

は 行

ま 行

や 行

ら 行

わ

編者略歴

桂　利行（かつら　としゆき）

1976年　東京大学大学院理学系研究科博士課程（数学専攻）中退
現　在　東京大学名誉教授，理学博士

著者略歴

岡崎悦明（おかざき　よしあき）

1974年　九州大学大学院理学研究科修士課程（数学専攻）修了
現　在　九州工業大名誉教授，理学博士

岡山友昭（おかやま　ともあき）

2010年　東京大学大学院情報理工学系研究科数理情報学専攻博士課程修了
現　在　広島市立大学大学院情報科学研究科准教授，博士（情報理工学）

齋藤夏雄（さいとう　なつお）

2002年　東京大学大学院数理科学研究科数理科学専攻博士課程修了
現　在　広島市立大学大学院情報科学研究科准教授，博士（数理科学）

佐藤好久（さとう　よしひさ）

1988年　九州大学大学院理学研究科修士課程（数学専攻）修了
現　在　九州工業大学大学院情報工学研究院教授，博士（理学）

田上　真（たがみ　まこと）

2004年　九州大学大学院数理学府数理学専攻博士後期課程修了
現　在　九州工業大学大学院情報工学研究院准教授，博士（数理学）

廣門正行（ひろかど　まさゆき）

1998年　東京大学大学院数理科学研究科数理科学専攻博士課程修了
現　在　広島市立大学大学院情報科学研究科講師，博士（数理科学）

廣瀬英雄（ひろせ　ひでお）

1977年　九州大学理学部数学科卒業
現　在　中央大学研究開発機構教授，久留米大学客員教授，九州工業大学名誉教授，
工学博士

2017 年 2 月 28 日　初　版　発　行
2025 年 4 月 25 日　初版第 6 刷発行

理工系学生のための
微分積分

編　者　桂　　利 行
著　者　岡 崎 悦 明
　　　　岡 山 友 昭
　　　　齋 藤 夏 雄
　　　　佐 藤 好 久
　　　　田 上 　 真
　　　　廣 門 正 行
　　　　廣 瀬 英 雄
発行者　山 本 　 格

発 行 所　株式会社　培　風　館
東京都千代田区九段南4-3-12・郵便番号 102-8260
電 話 (03)3262-5256 (代表)・振 替 00140-7-44725

中央印刷・牧 製本

PRINTED IN JAPAN

ISBN978-4-563-01209-0 C3041